改訂版

テスト前に まとめるノート 中2数学

Math

JN052153

Gakken

この本を使うみなさんへ

　勉強以外にも，部活や習い事で忙しい毎日を過ごす中学生のみなさんを，少しでもサポートできたらと考え，この「テスト前にまとめるノート」は構成されています。

　この本の目的は，大きく2つあります。
　1つ目は，みなさんが効率よくテスト勉強ができるようにサポートし，テストの点数をアップさせることです。

　そのために，テストに出やすい大事なところだけが空欄になっていて，直接書き込んで数学の重要点を定着させていきます。それ以外は，整理された内容を読んでいけばOKです。計算ミスが減るよう式をキレイにそろえたり，イラストなどで楽しく勉強できるようにしたりと工夫しています。

　2つ目は，毎日の授業やテスト前など，日常的にノートを書くことが多いみなさんに，「ノートをわかりやすくまとめられる力」をいっしょに身につけてもらうことです。

　ノートをまとめる時，次のような悩みを持ったことがありませんか？
- ☑ ノートを書くのが苦手だ
- ☑ 自分のノートはなんとなくごちゃごちゃして見える
- ☑ テスト前にまとめノートをつくるが，時間がかかって大変
- ☑ 最初は気合を入れて書き始めるが，途中で力つきる

　この本は，中2数学の内容を，みなさんにおすすめしたい「きれいでわかりやすいノート」にまとめたものです。この本を自分で作るまとめノートの代わりにしたり，自分のノートをとる時にいかせるポイントをマネしてみたりしてみてください。

　今，勉強を頑張ることは，現在の成績や進学はもちろん，高校生や大学生，大人になってからの自分をきっと助けてくれます。みなさんの未来の可能性が広がっていくことを心から願っています。

学研プラス

もくじ

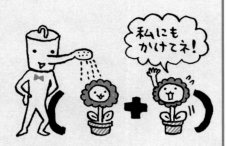

第1章
式の計算

第2章
連立方程式

第3章
1次関数

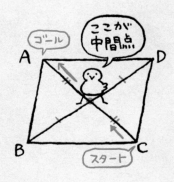

この本の使い方

この本の, 具体的な活用方法を紹介します。

1 | 定期テスト前にまとめる

まずは この本を読みながら, <u>用語や式・数を書き込んでいきましょう。</u>

◎ 教科書 を見ながら, 空欄になっている_____に, 用語や式・数を埋めていきます。授業を思い出しながら, やってみましょう。

次に <u>ノートを読んでいきましょう。</u> 教科書の内容が整理されているので, 単元のポイントが頭に入っていきます。

最後に <u>「確認テスト」</u> を解いてみましょう。各章のテストに出やすい内容をしっかりおさえられます。

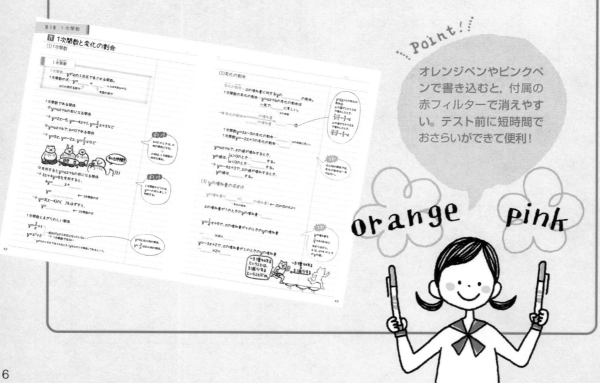

...Point!!

オレンジペンやピンクペンで書き込むと, 付属の赤フィルターで消えやすい。テスト前に短時間でおさらいができて便利!

orange　　*pink*

2 | 予習にもぴったり

授業の前日などに，この本で流れを追っ<u>ておく</u>のがおすすめです。教科書を全部読むのは大変ですが，このノートをさっと読んでいくだけで，授業の理解がぐっと深まります。

3 | 復習にも使える

<u>学校の授業で習ったことをおさらいしながら，ノートの空欄を埋めていきましょう</u>。先生が強調していたことを思い出したら，色ペンなどで目立つようにしてみてもいいでしょう。

また先生の話で印象に残ったことを，このノートの右側のあいているところに追加で書き込むなどして，自分なりにアレンジすることもおすすめです。

 次のページからは，ノート作りのコツ について紹介しているので，あわせて読んでみましょう。

ノート作りのコツ

普段ノートを書く時に知っておくと役立つ，「ノート作りのコツ」を紹介します。どれも簡単にできるので，気に入ったものは自分のノートに取り入れてみてくださいね！

コツ 1 色を上手に取り入れる

> Point!
> 最初に色のルールを決める。

シンプル派→3色くらい

例）基本色→黒
　　重要用語→赤
　　強調したい文章→蛍光ペン

カラフル派→5〜7色くらい

例）基本色→黒
　　重要用語→オレンジ（赤フィルターで消える色＝暗記用），赤，青，緑
　　用語は青，公式は緑，その他は赤など，種類で分けてもOK！
　　強調したい文章→黄色の蛍光ペン
　　囲みや背景などに→その他の蛍光ペン

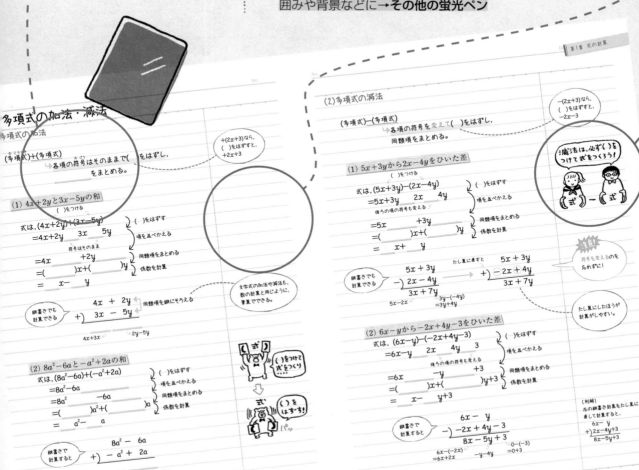

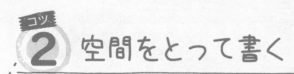

コツ ② 空間をとって書く

Point
「多いかな?」と思うくらい, 余裕を持っておく。

　ノートの右から4〜5cmに区切り線を引きます。教科書の内容は左側（広いほう）に, その他の役立つ情報は右側（狭いほう）に, 分けるとまとめやすくなります。

- 図やイラスト, 問題の解きなおし, その他補足情報
- 授業中の先生の話で印象に残ったこと, 解き方のポイントや注意など, 書きとめておきたい情報は右へどんどん書き込みましょう。

　また, 文章はなるべく短めに書きましょう。途中の接続詞などもなるべくはぶいて, 「→」でつないでいくなどすると, すっきりと見やすくなり, また流れも頭に入っていきます。

　行と行の間を, 積極的に空けておくのもポイントです。後で自分が読み返す時にとても見やすく, わかりやすく感じられます。追加で書き込みたい情報があった時にも, ごちゃごちゃせずに, いつでもつけ足せます。

コツ ③ イメージを活用する

Point
時間をかけず, 手書きとコピーを使い分けよう。

　自分の頭の中でえがいたイメージを, 簡単に図やイラスト化してみると, 記憶に残ります。この本でも, 簡単に描けて, 頭に残るイラストを多数入れています。とにかく簡単なものでOK。時間がかかると, 絵を描いただけで終わってしまうので注意。

　また, 教科書の写真や図解などは, そのままコピーして貼るほうが効率的。ノートに貼って, そこから読み取れることを追加で書き足すと, わかりやすい, 自分だけのオリジナル参考書になっていきます。

その他のコツ

❶レイアウトを整える…
段落ごと, また階層を意識して, 頭の文字を1字ずつずらしていくと, 見やすくなります。また, 見出しは一回り大きめに, もしくは色をつけるなどすると, メリハリがついてきれいに見えます。

❷インデックスをつける…
ノートはなるべく2ページ単位でまとめ, またその時インデックスをつけておくと, 後で見直ししやすいです。教科書の単元や項目と合わせておくと, テスト勉強がさらに効率よくできます。

❸かわいい表紙で, 持っていてうれしいノートに!…
表紙の文字をカラフルにしたり, 絵を描いたり, シールを貼ったりと, 表紙をかわいくアレンジするのも楽しいでしょう。

1 単項式と多項式

(1)単項式と多項式

単項式…数や文字の乗法だけでつくられた式。 —— $5x$, $2a^2$ のような式

多項式… ＿＿＿＿＿ の和の形で表された式。 —— $x+3y$, $8a+1$ のような式

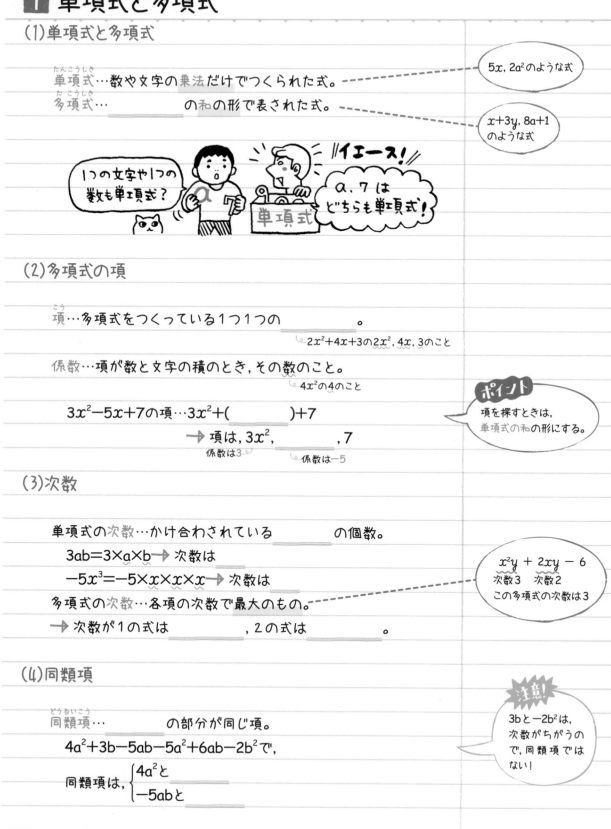

1つの文字や1つの
数も単項式？

イエース！

a, 7は
どちらも単項式！

単項式

(2)多項式の項

項…多項式をつくっている1つ1つの ＿＿＿＿＿＿ 。

$2x^2+4x+3$ の $2x^2$, $4x$, 3 のこと

係数…項が数と文字の積のとき, その数のこと。

$4x^2$ の4のこと

$3x^2-5x+7$ の項… $3x^2+($ ＿＿＿＿ $)+7$

ポイント
項を探すときは,
単項式の和の形にする。

→ 項は, $3x^2$, ＿＿＿＿ , 7

　　係数は3　　　　係数は−5

(3)次数

単項式の次数…かけ合わされている ＿＿＿＿＿ の個数。

$3ab=3×a×b$ → 次数は ＿＿

$-5x^3=-5×x×x×x$ → 次数は ＿＿

$x^2y + 2xy - 6$
次数3　次数2
この多項式の次数は3

多項式の次数…各項の次数で最大のもの。

→ 次数が1の式は ＿＿＿＿＿＿ , 2の式は ＿＿＿＿＿＿＿ 。

(4)同類項

同類項… ＿＿＿＿＿ の部分が同じ項。

注意！
$3b$ と $-2b^2$ は,
次数がちがうの
で, 同類項では
ない！

$4a^2+3b-5ab-5a^2+6ab-2b^2$ で,

同類項は, $\begin{cases} 4a^2 と \underline{\hspace{3cm}} \\ -5ab と \underline{\hspace{3cm}} \end{cases}$

(5)同類項をまとめる

同類項のまとめ方

同類項のまとめ方…<u>分配法則</u>を使って，1つの項にまとめる。

↑
分配法則

$$ma+na=(\underline{})a$$

> $3x+4x$なら，
> $=(3+4)x$
> $=7x$

---

(1) $7a+5b-2a+4b$

$=(7a-\underline{})+(5b+\underline{})$ — 項を並べかえて同類項を集める

$=(7-\underline{})a+(5+\underline{})b$ — 同類項をまとめる

$=5a+\underline{}$ — 係数を計算

> 集めた同類項は
> （ ）で囲むと
> わかりやすい。

同類項をまとめられるのはここまで

5aと9bは水と油だね。

> **注意**
> $5a+9b=14ab$
> としないように。
> 5aと9bは同類項ではないので，まとめられない。

---

(2) $x^2-2x+1+6x+5x^2$

$=(x^2+\underline{})+(\underline{}+6x)+1$ — 項を並べかえて同類項を集める

（ ）と（ ）は＋でつなぐ　　符号に注意

$=(\underline{})x^2+(\underline{})x+1$ — 同類項をまとめる

$=\underline{}x^2+\underline{}x+1$ — 係数を計算

---

(3) $x+\dfrac{1}{6}y-3x+\dfrac{2}{9}y$

$=(x-\underline{})+\left(\dfrac{1}{6}y+\dfrac{2}{9}y\right)$ — 項を並べかえて同類項を集める

$=(\underline{})x+\left(\dfrac{1}{6}+\dfrac{2}{9}\right)y$ — 同類項をまとめる

$=(\underline{})x+\left(\dfrac{3}{18}+\underline{}\right)y$ — 分数を通分

$=\underline{}x+\underline{}y$ — 係数を計算

> $\dfrac{1}{6}+\dfrac{2}{9}=\dfrac{1\times 3}{6\times 3}+\dfrac{2\times 2}{9\times 2}$
> $=\dfrac{3}{18}+\dfrac{4}{18}$

2 多項式の加法・減法

(1)多項式の加法

(多項式)＋(多項式)

┗ 各項の符号はそのままで(　)をはずし、
　　をまとめる。

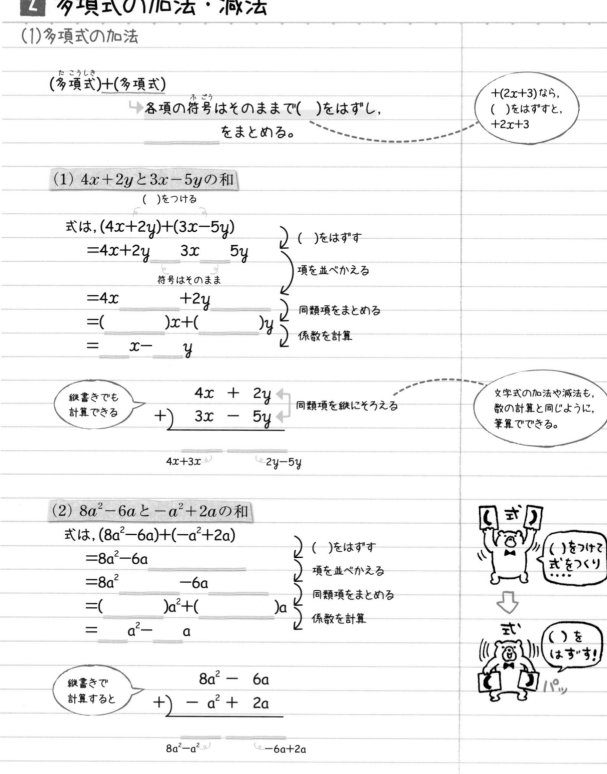

＋(2x＋3)なら、
(　)をはずすと、
＋2x＋3

---

(1) $4x＋2y$ と $3x－5y$ の和

(　)をつける

式は、$(4x+2y)+(3x-5y)$　　　　) (　)をはずす

$=4x+2y\quad 3x\quad 5y$

符号はそのまま　　　　　　　　　) 項を並べかえる

$=4x\qquad +2y$　　　　　　　　) 同類項をまとめる

$=(\quad)x+(\quad)y$　　　　　　) 係数を計算

$=\quad x-\quad y$

縦書きでも計算できる

$$
\begin{array}{r}
4x \;+\; 2y \\
+)\;\; 3x \;-\; 5y \\
\hline
\end{array}
$$

同類項を縦にそろえる

文字式の加法や減法も、数の計算と同じように、筆算でできる。

$4x+3x$　　　　$2y-5y$

---

(2) $8a^2－6a$ と $－a^2＋2a$ の和

式は、$(8a^2-6a)+(-a^2+2a)$　　　) (　)をはずす

$=8a^2-6a$　　　　　　　　　　　) 項を並べかえる

$=8a^2\qquad -6a$　　　　　　　　) 同類項をまとめる

$=(\quad)a^2+(\quad)a$　　　　　) 係数を計算

$=\quad a^2-\quad a$

縦書きで計算すると

$$
\begin{array}{r}
8a^2 \;-\; 6a \\
+)\; -a^2 \;+\; 2a \\
\hline
\end{array}
$$

$8a^2-a^2$　　　　$-6a+2a$

式

(　)をつけて式をつくり

⬇

式

(　)をはずす！

パッ

(2)多項式の減法

(多項式)ー(多項式)

　　↳ 各項の符号を変えて(　)をはずし，

　　　同類項をまとめる。

(1) $5x+3y$ から $2x-4y$ をひいた差

(　)をつける

式は，$(5x+3y)-(2x-4y)$

$=5x+3y\quad 2x\quad 4y$ ← (　)をはずす

後ろの項の符号も変える ← 項を並べかえる

$=5x\qquad +3y$ ← 同類項をまとめる

$=(\quad)x+(\quad)y$ ← 係数を計算

$=\quad x+\quad y$

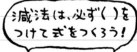

減法は、必ず(　)をつけて式をつくろう！

式 － 式

縦書きでも計算できる

$$\begin{array}{r}5x+3y\\-)\ 2x-4y\\\hline 3x+7y\end{array}$$

$5x-2x$　　$3y-(-4y)$
　　　　　$=3y+4y$

たし算に直すと

$$\begin{array}{r}5x+3y\\+)\ -2x+4y\\\hline 3x+7y\end{array}$$

符号を変えるのを忘れずに！

(2) $6x-y$ から $-2x+4y-3$ をひいた差

式は，$(6x-y)-(-2x+4y-3)$

$=6x-y\quad 2x\quad 4y\quad 3$ ← (　)をはずす

後ろの項の符号も変える ← 項を並べかえる

$=6x\qquad -y\qquad +3$ ← 同類項をまとめる

$=(\quad)x+(\quad)y+3$ ← 係数を計算

$=\quad x-\quad y+3$

たし算にしたほうが計算がしやすい。

縦書きで計算すると

$$\begin{array}{r}6x-\ y\\-)\ -2x+4y-3\\\hline 8x-5y+3\end{array}$$

$6x-(-2x)$　　$-y-4y$　　$0-(-3)$
$=6x+2x$　　　　　　　　$=0+3$

〔別解〕
左の縦書き計算をたし算に直して計算すると，

$$\begin{array}{r}6x-\ y\\+)\ 2x-4y+3\\\hline 8x-5y+3\end{array}$$

13

3 多項式と数の乗法・除法

(1)数×多項式の計算

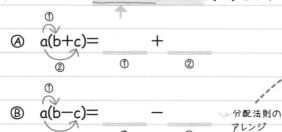

数×多項式

計算のしかた…分配法則を使って,( )をはずす。

Ⓐ $a(b+c) =$ ____ + ____
      ① ②   ①   ②

Ⓑ $a(b-c) =$ ____ − ____
      ① ②   ①   ②

分配法則の
アレンジ

( )の中がひき算のときは,こちらを使ってもよい。

(1) $4(a+2b)$
= $4×$ ____ $+4×$ ____
= ____

分配法則Ⓐ
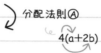
$4(a+2b)$

注意!
後ろの項へもかけるのを忘れないこと。

(2) $3(6x-4y)$
= $3×$ ____ $-3×$ ____
= ____

分配法則Ⓑ
$3(6x-4y)$

(3) $-7(3x+y-6)$

負の数には( )をつける

= $-7×$ ____ $+(-7)×$ ____ $+(-7)×$ ____
= ____

$(-15a+10b)×\dfrac{1}{5}$

(4) $(-15a+10b)×\dfrac{1}{5}$

= $-15a×$ ____ $+10b×$ ____
= ____

分配法則

私にもかけてネ!

(2) 多項式÷数の計算

計算のしかた①…分数の形にして計算する。

$$(a+b)÷m= \underline{} + \underline{}$$

$$(a+b)÷m=\frac{a+b}{m}$$

(1) $(8a+6b)÷2$

$= \underline{} + \underline{}$ ⟩分数の形に

$= \underline{}$ ⟩約分

(2) $(9x^2-12y)÷(-3)$

$= \dfrac{}{-3} - \dfrac{}{-3}$ ⟩分数の形に

$= \underline{}$ ⟩約分

注意！

わる数が負の数のときは，符号に注意。
$⊕÷⊖→⊖$
$⊖÷⊖→⊕$

計算のしかた②…逆数を使って，かけ算の式にする。

こうすれば，多項式×数の計算になる。

(3) $(-5a+20b)÷(-5)$

$=(-5a+20b)×\left(\right)$ ⟩逆数をかける

$=-5a×\left(\right)+20b×\left(\right)$ ⟩分配法則

$= \underline{}$

(4) $(4x-6y)÷\dfrac{2}{3}$

$=(4x-6y)× \underline{}$ ⟩逆数をかける

$=4x× \underline{} -6y× \underline{}$ ⟩分配法則

$= \underline{}$

逆数をかける方法は，わる数が分数のときに有効！

4 いろいろな計算

(1)数×多項式の加減

分配法則を使って,( )をはずす。

↓

同類項をまとめる。

---

(1) $2(x+2y)+3(2x-y)$

$= \quad x+ \quad y+ \quad x- \quad y$ ⎫ 分配法則

$= \quad x+ \quad x+ \quad y- \quad y$ ⎫ 項を並べかえる

$=$ ⎫ 同類項をまとめる

$-4(a-2b+3)$

---

(2) $3(3a+b)-4(a-2b+3)$

$= \quad a+ \quad b$ ⎫ 分配法則

$= \quad a- \quad a+ \quad b+ \quad b-12$ ⎫ 項を並べかえる

$=$ ⎫ 同類項をまとめる

注意!

( )をはずすとき,
後ろの項の符号を
変えるのを忘れな
いように。

$-4(a-2b+3)$

↓

$-4a-8b+12$

↑ ↑
符号の変え忘れ

---

(3) $\frac{1}{6}(5x-y)-\frac{1}{3}(x-4y)$

$=\frac{5}{6}x-\frac{1}{6}y- \quad x+ \quad y$ ⎫ 分配法則

$=\frac{5}{6}x- \quad x-\frac{1}{6}y+ \quad y$ ⎫ 項を並べかえる

$=\frac{5}{6}x- \quad x-\frac{1}{6}y+ \quad y$ ⎫ 通分

$=$ ⎫ 同類項をまとめる

約分を忘れずに

約分できるところが
あったら、必ず約分
しておくこと。

忘れて
ないかな??

$\frac{3}{6}$　　$\frac{4}{12}$

16

(2)分数の形の式の計算

通分して, 分子の同類項をまとめる。

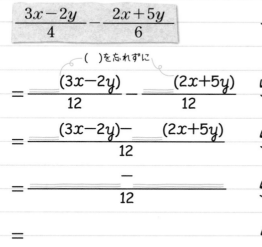

$$\frac{3x-2y}{4}-\frac{2x+5y}{6}$$

（　）を忘れずに

$$=\frac{(3x-2y)}{12}-\frac{(2x+5y)}{12}$$ 　通分

$$=\frac{(3x-2y)-(2x+5y)}{12}$$ 　1つの分数に

$$=\frac{\quad-\quad}{12}$$ 　（　）をはずす

$$=$$ 　同類項をまとめる

通分するときは, 必ず分子に（　）をつけること。

〔別解〕
(分数)×(多項式)の形に直して計算すると,

$$\frac{3x-2y}{4}-\frac{2x+5y}{6}$$

$$=\frac{1}{4}(3x-2y)-\frac{1}{6}(2x+5y)$$

$$=\frac{3}{4}x-\frac{1}{2}y-\frac{1}{3}x-\frac{5}{6}y$$

$$=\frac{9}{12}x-\frac{4}{12}x-\frac{3}{6}y-\frac{5}{6}y$$

$$=\frac{5}{12}x-\frac{4}{3}y$$

(3)式の値

文字の値

式の値の求め方…式を簡単にしてから, 数を代入する。

問題の式に直接数を代入するのはダメ。
計算が複雑になって, ミスのもと。

$x=4, y=-\dfrac{1}{3}$ のとき,

$2(x-3y)-3(2x-5y)$ の値

$$2(x-3y)-3(2x-5y)$$ 　分配法則

$$=\quad x-\quad y$$ 　項を並べかえる

$$=\quad x-\quad x-\quad y+\quad y$$ 　同類項をまとめる

$$=\quad x+\quad y\cdots\cdots①$$

①の式に, $x=4, y=-\dfrac{1}{3}$ を代入。

$$\rightarrow\quad\times4+\quad\times\left(\qquad\right)$$

$$=\quad-$$

$$=$$

計算はシンプルに。
シンプル・イズ・ベスト!

17

5 単項式の乗法・除法

(1)単項式の乗法

単項式どうしの乗法…＿＿＿＿＿の積に，文字の積をかける。

（1） $2yz \times (-7x)$

$=2 \times (\quad\quad) \times yz \times$
係数の積　　　　文字の積

$= \quad\quad \times$
係数の積　　　文字の積はアルファベット順に

$=$

> 文字式は，
> ①数を文字の前に
> ②文字はアルファベット
> 　順に
> 書くこと。

ぼく1番！

（2） $6a \times 5ab$

$=6 \times \quad \times a \times$
係数の積　　　文字の積

$= \quad\quad \times$
係数の積　　　同じ文字の積は累乗の指数で表す

$=$

> 同じ文字の積は累乗の
> 指数で表す。
> $a \times a = a^2$
> $a \times a \times a = a^3$

指数をふくむ式の乗法…文字式×文字式の形にして
計算する。

（3） $(-4a)^2$

$=(\quad\quad) \times (\quad\quad)$

$=(\quad) \times (\quad) \times a \times a$
係数の積　　　　文字の積

$=$

> 注意！
> $-4a^2$ と $(-4a)^2$ を混同し
> ないこと。
> $-4a^2 = -4 \times a \times a$
> $(-4a)^2 = (-4a) \times (-4a)$

解きなおし
✒左の計算を正しく解きましょう。

うっかりミス❷

（4） $3x \times (2x)^2$

$=3x \times 2x^2 \quad\longleftarrow \quad (2x)^2 = (2x) \times (2x)$
だから，$2x^2$ ではない！

$=3 \times 2 \times x \times x^2$

$=6x^3$

(2)単項式の除法

わられる式が分子, わる式が分母

単項式どうしの除法…分数の形にする。

↓

数どうし, 文字どうしで　　　　　する。

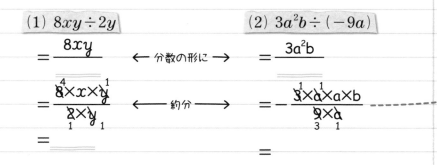

(1) $8xy \div 2y$

$= \dfrac{8xy}{}$ ← 分数の形に →

$= \dfrac{\overset{4}{8} \times x \times \overset{1}{y}}{\underset{1}{2} \times \underset{1}{y}}$ ← 約分 →

$=$

(2) $3a^2b \div (-9a)$

$= \dfrac{3a^2b}{}$

$= -\dfrac{\overset{1}{3} \times \overset{1}{a} \times a \times b}{\underset{3}{9} \times \underset{1}{a}}$

$=$

> 分数の形にしたら,
> その分数の符号を
> まず決めること。
> $(-) \div (-) \rightarrow (+)$
> $(+) \div (-) \rightarrow (-)$
> $(-) \div (+) \rightarrow (-)$

係数が分数のときの除法…　　　　　をかける形に直す。

↓

分数の形にして計算する。

(3) $-\dfrac{2}{3}xy \div \dfrac{4}{9}xy^2$

$= -\dfrac{2xy}{3} \div \dfrac{4xy^2}{9}$　　$\dfrac{単項式}{数}$ の形の分数に

$= -\left(\dfrac{2xy}{3} \times \dfrac{9}{} \right)$　　逆数をかける形に

$= -\dfrac{2xy \times 9}{3 \times}$　　分数の形に

$= -\dfrac{\overset{1}{2} \times x \times \overset{1}{y} \times \overset{3}{9}}{\underset{1}{3} \times \underset{2}{4} \times \underset{1}{x} \times y \times \underset{1}{y}}$　　約分

$=$

ポイント

> こうしておくと, 逆数に
> 直すときの次のような
> ミスを防げる。
> $\dfrac{4}{9}xy^2$の逆数
> ↓
> $\dfrac{9}{4}xy^2$ ✓

6 乗除の混じった計算

(1)乗除の混じった計算

単項式の乗除が混じった計算

…かける式を _____ , わる式を _____ とする

分数の形にして計算する。

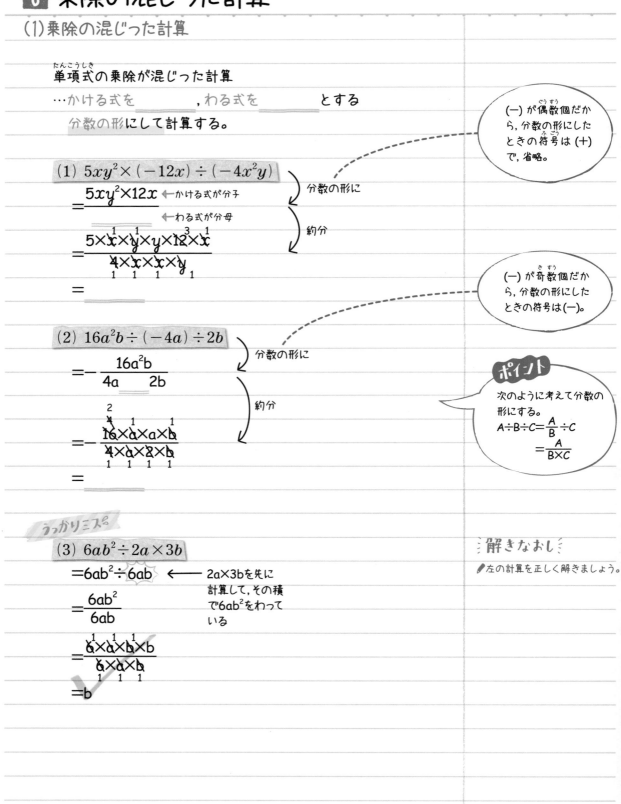

(1) $5xy^2 \times (-12x) \div (-4x^2y)$

$= \dfrac{5xy^2 \times 12x}{\quad}$ ←かける式が分子

←わる式が分母

$= \dfrac{5 \times \overset{1}{x} \times \overset{1}{y} \times y \times \overset{3}{12} \times \overset{1}{x}}{\underset{1}{4} \times \underset{1}{x} \times \underset{1}{x} \times \underset{1}{y}}$

$=$

分数の形に

約分

> (-) が偶数個だから, 分数の形にしたときの符号は (+) で, 省略。

> (-) が奇数個だから, 分数の形にしたときの符号は (-)。

(2) $16a^2b \div (-4a) \div 2b$

$= - \dfrac{16a^2b}{4a \quad 2b}$

$= - \dfrac{\overset{2}{16} \times \overset{1}{a} \times a \times \overset{1}{b}}{\underset{1}{4} \times \underset{1}{a} \times \underset{1}{2} \times \underset{1}{b}}$

$=$

分数の形に

約分

ポイント

次のように考えて分数の形にする。
$A \div B \div C = \dfrac{A}{B} \div C$
$\qquad = \dfrac{A}{B \times C}$

うっかりミス②

(3) $6ab^2 \div 2a \times 3b$

$= 6ab^2 \div 6ab$ ← 2a×3bを先に計算して, その積で6ab²をわっている

$= \dfrac{6ab^2}{6ab}$

$= \dfrac{\overset{1}{6} \times \overset{1}{a} \times \overset{1}{b} \times b}{\underset{1}{6} \times \underset{1}{a} \times \underset{1}{b}}$

$= b$

解きなおし

✏左の計算を正しく解きましょう。

(2)式の値

式の値の求め方…式を<u>簡単</u>にしてから, <u>数を代入</u>する。　　　（文字の値）

p.17 の式の値の求め方と考え方は同じ。

---

(1) $a=4$, $b=-2$のとき, $9ab^2 \div 3b$の値

$$9ab^2 \div 3b$$

$$= \frac{9ab^2}{3b}$$　　　分数の形に

$$= \frac{\overset{3}{\cancel{9}} \times a \times \cancel{b} \times b}{\underset{1}{\cancel{3}} \times \underset{1}{\cancel{b}}}$$　　　約分

$$= \underline{\qquad} \quad \cdots\cdots ①$$

①の式に, $a=4$, $b=-2$を代入。

→　$\underline{\quad} \times \underline{\quad} \times (\underline{\qquad})$

　　$= \underline{\qquad}$　　　（負の数を代入するときは（　）をつける）

数を代入するときのミスを防ぐキーアイテムがこれ！

‖呼んだ？‖

---

(2) $x=-3$, $y=\dfrac{2}{3}$のとき,

$8x^2y \div (-2xy) \times y^2$の値

$$8x^2y \div (-2xy) \times y^2$$

$$= -\frac{8x^2y \times y^2}{2xy}$$　　　分数の形に

$$= -\frac{\overset{4}{\cancel{8}} \times \overset{1}{\cancel{x}} \times x \times \cancel{y} \times y \times y}{\underset{1}{\cancel{2}} \times \underset{1}{\cancel{x}} \times \underset{1}{\cancel{y}}}$$　　　約分

$$= \underline{\qquad} \quad \cdots\cdots ①$$

①の式に, $x=-3$, $y=\dfrac{2}{3}$ を代入。

→　$\underline{\quad} \times (\underline{\quad}) \times \left(\underline{\quad}\right)^2$　　　累乗部分を計算

　　$= \underline{\quad} \times (\underline{\quad}) \times \underline{\quad}$

　　$= \underline{\qquad}$

注意！

累乗部分に分数を代入するときは, 必ず（　）をつけること。
そうしないと, 分子だけ累乗するミスをしやすい。

y^2に$y=\dfrac{2}{3}$を代入。

→$\dfrac{2^2}{3} = \dfrac{4}{3}$ ✓

7 文字式の利用

(1)式による説明

> mを整数とすると,
> 2の倍数は2m,
> 3の倍数は3m,
> …と表せる。

偶数…mを整数とすると, 偶数は　　　　　〜2の倍数

奇数…nを整数とすると, 奇数は　　　　　　　　〜2の倍数+1

→ 偶数と奇数の和が奇数になることの説明

〔説明〕 偶数と奇数の和は, 2m+(2n+1)　　　　} ( )をはずす

　　　　　　　　　　　　　=2m+2n+1　　　　　}

整数の和は　　　　　　　=2(　　　　　)+1　　　分配法則
必ず整数

m+nは　　　　　だから, 2(m+n)+1は奇数。

したがって, 偶数と奇数の和は奇数である。

> 2m と 2m+1 で説明
> してはダメ!
> これだと, 2と3, 4と
> 5, …のように, 連続
> する 2つの整数に限
> 定されてしまう。

2けたの整数の表し方…十の位の数をa, 一の位の数をb

　　　　　　　　　　とすると,

→ 一の位が0でない2けたの正の整数と, その数の

十の位の数と一の位の数を入れかえた整数との和が

11の倍数になることの説明

〔説明〕 2数の和は, (10a+b)+(　　　　　　)　　　十の位の数と
　　　　　　　　　　　　　　　　　　　　　　　一の位の数を
　　　　　　　　　　　　　　　　　　　　　　　入れかえた整数

　　　　　=　　a+　　b　　}

　　　　　=　　(a+b)　　　分配法則

a+bは整数だから, 　　(a+b)は11の倍数。

したがって, 2けたの正の整数と, その数の十の位の数と一
の位の数を入れかえた整数との和は, 11の倍数である。

> aはaでも10が
> a個あるんだぞ!

連続する3つの整数の表し方…nを整数とすると,

　　　　　　　　　n, n+　　　,

→ 連続する3つの整数の和が3の倍数になることの説明

〔説明〕 3つの整数の和は, n+(　　　　)+(　　　　)

　　　　　　　　　=　　n+　　　}

　　　　　　　　　=　　(n+1)　　分配法則

n+1は整数だから, 　　(n+1)は3の倍数。

したがって, 連続する3つの整数の和は, 3の倍数である。

(2)等式の変形

xについて解く…$x=$ ~の形に変形すること。

解き方は, 方程式を解くのと同じ。

次の等式を, 〔　〕の中の文字について解く。

(1) $2x-4y=9$ 〔x〕　　解く文字以外の項を右辺に移項

$2x=9$ 　$-4y$を移項

$x=$ 　　　　$x=\dfrac{9}{2}+\dfrac{4y}{2}=\dfrac{9}{2}+2y$

　　　　　　と表すこともできる

注意!

移項するときは, 符号を変える。

$+5=$

$=-5$

(2) $\dfrac{1}{4}xy=7$ 〔y〕　　係数を整数に

$xy=$ 　　　右辺にも4をかけるのを忘れないように

$y=$

円錐の体積の公式から, 高さを求める式をつくる。

…$V=\dfrac{1}{3}\pi r^2 h$をhについて解く。

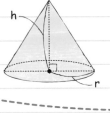

円錐の体積の公式

両辺を入れかえて, $\dfrac{1}{3}\pi r^2 h=V$

$\pi r^2 h=$

$h=$

まず, 解く文字を左辺にもっていくと, 変形しやすくなる。

長方形の周の長さを求める式から縦の長さを求める式をつくる。

…$l=2(a+b)$をaについて解く。

両辺を入れかえて,

$2(a+b)=l$

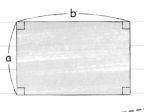

$a+b=$

$a=$

$2a+2b=l$

$2a=l-2b$

$a=\dfrac{l-2b}{2}$

と解いてもよい。

23

確認テスト①

●目標時間：３０分　●１００点満点　●答えは別冊 21 ページ

1 次の計算をしなさい。　　　　　　　　　　　　　　　　　　　　　　　(4点×4)

(1)　$5a+2b-3a+4b$

(2)　$6x^2-8x-5x^2+x$

(3)　$(7a+6b)+(2a-9b)$

重要 (4)　$(3x-8y)-(-3x+6y)$

2 次の計算をしなさい。　　　　　　　　　　　　　　　　　　　　　　　(4点×8)

(1)　$6(2a-3b)$

(2)　$-5(4x+8y)$

(3)　$(20a+8b)\div(-4)$

(4)　$(6x+9y)\div\dfrac{3}{4}$

(5)　$4(x-2y)+2(x+4y)$

(6)　$2(4a+b)-3(2a-3b)$

(7)　$\dfrac{1}{6}(5x-y)-\dfrac{1}{3}(x+2y)$

重要 (8)　$\dfrac{5x-2y}{2}-\dfrac{7x-y}{3}$

3 次の計算をしなさい。　　　　　　　　　　　　　　　　　　　　（4点×6）

(1)　$4b \times (-6ab)$

(2)　$(-3x)^2 \times 2x$

〔　　　　　　　　　〕　　　　　　　　〔　　　　　　　　　〕

(3)　$-20ab \div 5a$

(4)　$9xy^2 \div (-3y)$

〔　　　　　　　　　〕　　　　　　　　〔　　　　　　　　　〕

重要 (5)　$4a^2b \div \dfrac{6}{5}a$

(6)　$-x^2 \div (-4xy) \times 8y$

〔　　　　　　　　　〕　　　　　　　　〔　　　　　　　　　〕

4 $x = 2$, $y = -\dfrac{1}{3}$ のとき，次の式の値を求めなさい。　　　　（4点×2）

(1)　$(5x + y) - (3x - 5y)$

(2)　$18xy^2 \div (-3y)$

〔　　　　　　　　　〕　　　　　　　　〔　　　　　　　　　〕

5 次の等式を，〔　〕の中の文字について解きなさい。　　　　　　（5点×2）

(1)　$4x + 3y = 5$　〔y〕

(2)　$S = 2\pi rh$　〔r〕

〔　　　　　　　　　〕　　　　　　　　〔　　　　　　　　　〕

6 奇数どうしの和は，偶数になるわけを説明しなさい。　　　　　　（10点）

〔　　　　　　　　　　　　　　　　　　　　　　　　　　　　　　　　　〕

8 連立方程式とその解

(1) 2元1次方程式の解

2元1次方程式(げんじほうていしき)…2つの ＿＿＿＿ をふくむ1次方程式。

> 2x＋y＝8 のような方程式のこと。

この方程式を成り立たせる文字の値の組(あたい)

…2元1次方程式の ＿＿＿ という。

2x＋y＝8を成り立たせるx, yの値の組

…2x＋y＝8にxの値を代入して,

　y について解く。

✐空らんをうめましょう。

x	0	1	2	3	4	5
y	8	6	＿＿	2	0	＿＿

> 表の x, y の値の組は, すべて2元1次方程式2x＋y＝8の解(かい)。

　　x＝2のとき, 2×2＋y＝8
　　　　　　　　　y＝＿＿＿

　　x＝5のとき, 2×5＋y＝8
　　　　　　　　　y＝＿＿＿

　x, y の値が分数でも, 方程式の解になる。

　　2x＋y＝8で, xの値が $\dfrac{2}{3}$ のとき,

　　y の値は, 2×$\dfrac{2}{3}$＋y＝8

> この分数も, 解

　　　　　y＝＿＿＿　　$y＝8－\dfrac{4}{3}＝\dfrac{24}{3}－\dfrac{4}{3}$

(2)連立方程式の解

連立方程式(れんりつほうていしき)…2つの方程式を組にしたもの。

2つの方程式のどちらも成り立たせる文字の値の組

…連立方程式の解(かい)という。

解を求めること…連立方程式を ＿＿＿＿ という。

ムム! 事件のカギを握るナゾの方程式。わがはいが解いてみせよう。

名探偵登場!

2x＋y＝8

26

(3)解であるか調べる

x, yの値の組を連立方程式の2つの式に代入。
→ どちらの式も左辺＝右辺になれば、解。

(1) $x=2$, $y=5$が、連立方程式
$$\begin{cases} x+3y=17 \cdots ① \\ 4x-y=3 \ \cdots ② \end{cases}$$
の解かどうかを調べなさい。

$x=2$, $y=5$を①、②の式に代入。

① … 左辺＝ ＿＿＿ $+3\times$ ＿＿＿ ← $x=2$, $y=5$を代入
＝ ＿＿＿
右辺＝ ＿＿＿ ｝左辺＝右辺

② … 左辺＝$4\times$ ＿＿＿ $-$ ＿＿＿ ← $x=2$, $y=5$を代入
＝ ＿＿＿
右辺＝ ＿＿＿ ｝左辺＝右辺

①も②も、左辺＝右辺
→ $x=2$, $y=5$は、この連立方程式の解である。

(2) $x=3$, $y=-2$が、連立方程式
$$\begin{cases} 2x+y=4 \cdots ① \\ x-3y=6 \cdots ② \end{cases}$$
の解かどうかを調べなさい。

$x=3$, $y=-2$を①、②の式に代入。

① … 左辺＝$2\times$ ＿＿＿ $+($ ＿＿＿ $)$ ← $x=3$, $y=-2$を代入
＝ ＿＿＿
右辺＝ ＿＿＿ ｝左辺＝右辺 ← おっ！ 解か？

② … 左辺＝ ＿＿＿ $-3\times($ ＿＿＿ $)$ 待て待て
＝ ＿＿＿
右辺＝ ＿＿＿ ｝左辺≠右辺 ← こっちはダメ！

②が左辺≠右辺
→ $x=3$, $y=-2$は、この連立方程式の解ではない。

解の表し方はいろいろある。
$x=2$, $y=5$
$(x, y)=(2, 5)$
$\begin{cases} x=2 \\ y=5 \end{cases}$

もし、①で左辺≠右辺だったら、その時点で解ではないことがわかるので、②は調べなくてよい。

うん、合理的だね。

No! 早合点は禁物…

注意！
一方の式だけが成り立っていても、連立方程式の解にはならない！

9 加減法による解き方

(1)加減法による連立方程式の解き方

解き方の基本…式を変形

→ 　　　つの文字だけの方程式に。

> こうすれば、1年で学習した方程式になる。

加減法…左辺どうし，右辺どうしを加減

→ 1つの文字を消す。

> 消去するという。

消し方のキー　　係数の　　　　　がそろえば消せる！

2xと2x，3yと$-3y$など

> 2xと2x → ひき算で，
> 3yと$-3y$ → たし算で消去できる。

(1) $\begin{cases} x+y=12 & \cdots\cdots① \\ 3x-y=4 & \cdots\cdots② \end{cases}$

① 　　②でyが消せる。 ← yの係数が1と

たすかひくか

$\begin{array}{r} ① \quad x+y=12 \\ ② +) \quad 3x-y=4 \\ \hline x \quad = \end{array}$

同類項を縦にそろえる

yが消えた！

$x=$ 　　　$\cdots\cdots③$

③を①に代入→ 　　　$+y=12$

$y=$

解は，$x=$ 　　　，$y=$

(2) $\begin{cases} 2x-3y=10 & \cdots\cdots① \\ 2x-y=6 & \cdots\cdots② \end{cases}$

① 　　②でxが消せる。 ← xの係数がどちらも2

たすかひくか

$\begin{array}{r} ① \quad 2x-3y=10 \\ ② -) \quad 2x-\ y=6 \\ \hline y= \end{array}$

xが消えた！

$y=$ 　　　$\cdots\cdots③$

③を②に代入→ $2x-($ 　　　$)=6$

$2x=$

$x=$

解は，$x=$ 　　　，$y=$

> 注意！
> $\begin{array}{r} 2x-3y=10 \\ -) 2x-\ y=6 \\ \hline \boxed{} \end{array}$
> $-3y-y$は×
> $-3y-(-y)$
> $=-3y+y$が○

(2)式を何倍かして解く加減法

そのまま式を加減しても文字を消せないとき

↓

式を何倍かして，1つの文字の　　　　　　の絶対値をそろえる。

> xと$2x$なら，xのほうの式を2倍する。

(1) $\begin{cases} 2x+y=10 & \cdots\cdots① \\ 5x-2y=16 & \cdots\cdots② \end{cases}$

①の両辺を　　倍 ← yの係数の絶対値をにそろえる。

$$\begin{array}{r} ①×2 \quad\quad x+2y= \\ ② \quad +)\quad 5x-2y=16 \\ \hline x \quad\quad = \end{array}$$

yが消えた！

$x=$　　　　$\cdots\cdots③$

③を①に代入 → $2×$　　　$+y=10$

$y=$

解は，$x=$　　　$,\ y=$

> 一方の式を何倍かしても係数の絶対値がそろわない。

(2) $\begin{cases} 3x+5y=-2 & \cdots\cdots① \\ 2x+3y=1 & \cdots\cdots② \end{cases}$

> **ポイント**
>
> 係数の絶対値を最小公倍数にそろえる。

xの係数を　　にそろえる。 ← 3と2の最小公倍数

→ ①の両辺を　　倍，②の両辺を　　倍する。

$$\begin{array}{r} ①×2 \quad 6x+\quad\quad y= \\ ②×3 \quad -)\ 6x+\quad\quad y= \\ \hline y= \end{array}$$

$y=$　　　　$\cdots\cdots③$

③を②に代入 → $2x+3×$　　　$=1$

$2x=$

$x=$

解は，$x=$　　　$,\ y=$

> 係数はなるべく小さくすること。
> ↓
> yの係数をそろえると，係数が15になる。

29

🔟 代入法による解き方

(1)代入法による連立方程式の解き方

だいにゅうほう
代入法…一方の式を他方の式に代入して，
1つの文字を消す。

(1) $\begin{cases} y=x-4 & \cdots\cdots① \\ 2x+5y=43 & \cdots\cdots② \end{cases}$

①を②に代入して，　　　を消去。

②のyを①の$x-4$に置きかえる

→　$2x+5(\underline{\hspace{2cm}})=43$

$2x+\underline{\hspace{1cm}}-\underline{\hspace{1cm}}=43$

$\underline{\hspace{2cm}}=$

$x=\underline{\hspace{2cm}}$　　$\cdots\cdots③$

$\Big\}$（　）をはずす

$\Big\}$ $ax=b$の形に

③を①に代入→　$y=\underline{\hspace{1cm}}-4$

$=\underline{\hspace{2cm}}$

解は，$x=\underline{\hspace{1.5cm}}$，$y=\underline{\hspace{1.5cm}}$

(2) $\begin{cases} 3x-4y=9 & \cdots\cdots① \\ x=2y+7 & \cdots\cdots② \end{cases}$

②を①に代入して，　　　を消去。

①のxを②の$2y+7$に置きかえる

→　$3(\underline{\hspace{2cm}})-4y=9$

$\underline{\hspace{1cm}}+\underline{\hspace{1cm}}-4y=9$

$\underline{\hspace{2cm}}=$

$y=\underline{\hspace{2cm}}$　　$\cdots\cdots③$

$\Big\}$（　）をはずす

$\Big\}$ $ay=b$の形に

③を②に代入→　$x=2\times\underline{\hspace{1.5cm}}+7$

$=\underline{\hspace{2cm}}$

解は，$x=\underline{\hspace{1.5cm}}$，$y=\underline{\hspace{1.5cm}}$

(2)式を変形して解く代入法

$x=\sim$ や $y=\sim$ の式がないとき
…一方の式を $x=\sim$ か $y=\sim$ の形に変形。--------------

> この形に変形すること
> を、「x について解く」、
> 「y について解く」という。

(1) $\begin{cases} 3x+y=4 & \cdots\cdots① \\ 5x+2y=15 & \cdots\cdots② \end{cases}$

①を y について解く → $y=$ 　　　　$+4\cdots\cdots③$

　　　　　　　　　　　$3x$ を右辺に移項

③を②に代入して、　　　を消去。

　→ $5x+2($ 　　　　　　$)=15$

　　　$5x-$ 　　　$+$ 　　　$=15$　　}（ ）をはずす

　　　　　　　　　=　　　　　　　　}$ax=b$ の形に

　　　　　　　$x=$ 　　　$\cdots\cdots④$

④を③に代入 → $y=-3\times$ 　　　$+4$

　　　　　　　　=

解は、$x=$ 　　　, $y=$

〔別解〕
左の連立方程式を加減法で解
くと、
①×2　　　$6x+2y=8$
②　　$-\underline{)\ 5x+2y=15}$
　　　　　$x\ \ \ =-7$
$x=-7$ を①に代入して、
　$3\times(-7)+y=4$
　　　　　　$y=4+21$
　　　　　　　=25
解は、$x=-7,\ y=25$

(2) $\begin{cases} 3x-5y=10 & \cdots\cdots① \\ x-3y=2 & \cdots\cdots② \end{cases}$

②を x について解く → $x=$ 　　　　$+2\cdots\cdots③$

　　　　　　　　　　　$-3y$ を右辺に移項

③を①に代入して、　　　を消去。

　→ $3($ 　　　　　$)-5y=10$

　　　　　　$+$ 　　　$-5y=10$　　}（ ）をはずす

　　　　　　　=　　　　　　　　　}$ay=b$ の形に

　　　　　　$y=$ 　　　$\cdots\cdots④$

④を③に代入 → $x=$ 　　　$+2$

　　　　　　　　=

解は、$x=$ 　　　, $y=$

> どの方法で解くのが
> ラクか…その見きわめ
> が大切♪

> どっちを使って
> 料理するかな?

加減法　代入法

11 いろいろな連立方程式①

(1)かっこがある連立方程式の解き方

_____を利用して,(　)をはずす。- - - - - - - - - - - -

分配法則
$a(b+c)=ab+ac$

↓

$ax+by=c$ の形に整理して,解く。

(1) $\begin{cases} 5x+y=14 & \cdots\cdots① \\ 2x+3(2-y)=-2 & \cdots\cdots② \end{cases}$

②の(　)をはずす。- - - - - - - - - - - - - - - - - - -

$+3(2-y)$

↓

$+3×2+3×(-y)$

$2x+\underline{}-\underline{}y=-2$

$2x-\underline{}y=\underline{}$ 　$\cdots\cdots③$

$\Big\}$ $ax+by=c$の形に

①と③を連立方程式として解く。

①×3 　　　$x+3y=\underline{}$ 　yの係数の絶対値を3にそろえた！

③ 　+) 　$2x-3y=\underline{}$

　　　　　$x=\underline{}$

　　　　　$x=\underline{}$ 　$\cdots\cdots④$

④を①に代入 → $5×\underline{}+y=14$

　　　　　　　$y=\underline{}$

解は,$x=\underline{}$,$y=\underline{}$

(2) $\begin{cases} 3(x+3y)=x+8 & \cdots\cdots① \\ x+4y=6 & \cdots\cdots② \end{cases}$

①の(　)をはずす。- - - - - - - - - - - - - - - - - - -

$3(x+3y)$

↓

$3×x+3×3y$

　　　$\underline{}x+\underline{}y=x+8$

　　　$\underline{}x+\underline{}y=8\cdots\cdots③$

②と③を連立方程式として解く。

③ 　　　$2x+\underline{}y=8$ 　xの係数の絶対値を2にそろえた！

②×2 　-) 　$2x+\underline{}y=\underline{}$

　　　　　　$y=\underline{}$ 　$\cdots\cdots④$

④を②に代入 → $x+4×\underline{}=6$

　　　　　　　$x=\underline{}$

解は,$x=\underline{}$,$y=\underline{}$

(2)係数に分数がある連立方程式の解き方

両辺に分母の　＿＿＿＿＿＿＿＿　をかけて，
分母をはらう。

↓

係数が整数になって，計算がラク。

$$\begin{cases} 5x+4y=29 & \cdots\cdots① \\ \dfrac{1}{4}x-\dfrac{1}{6}y=2 & \cdots\cdots② \end{cases}$$

②の両辺に　＿＿＿＿　をかける。
　　　　　↳ 4と6の最小公倍数

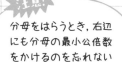

注意！
分母をはらうとき，右辺にも分母の最小公倍数をかけるのを忘れないこと。

$$\left(\dfrac{1}{4}x-\dfrac{1}{6}y\right)\times\underline{\quad}=2\times\underline{\quad}$$
　　　　　↳（　）をつけてかける

　　　＿＿　－　＿＿　＝　＿＿　　……③

①と③を連立方程式として解く。

　①　　　　　　　　$5x+4y=29$
　③×2　　　＋)　　$\underline{x-4y=\quad}$
　　　　　　　　　　$x\quad =\underline{\quad}$
　　　　　　　　　　$x=\underline{\quad}$　　……④

④を①に代入 → $5\times\underline{\quad}+4y=29$
　　　　　　　　　　$4y=\underline{\quad}$

　　　　　　　　　　$y=\underline{\quad}$　　　↳約分を忘れずに

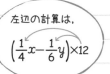

左辺の計算は，
$$\left(\dfrac{1}{4}x-\dfrac{1}{6}y\right)\times12$$

　解は，$x=\underline{\quad}$，$y=\underline{\quad}$

12 いろいろな連立方程式②

(1)係数に小数がある連立方程式の解き方

両辺を　　倍，　　倍，…して，
まず，係数を整数にする。

⌐小数のまま計算するよりラク

> 小数点以下が1けた
> なら10倍，2けたな
> ら100倍。

(1) $\begin{cases} x-3y=-2 & \cdots\cdots① \\ 0.3x+0.4y=2 & \cdots\cdots② \end{cases}$

②を　　倍する。

⌐係数を整数にする

$$x+\qquad y=\qquad \cdots\cdots③$$

①と③を連立方程式として解く。

$$①×3 \qquad 3x-\qquad y=-6$$
$$③\qquad -)\quad x+\qquad y=$$
$$\overline{\qquad\qquad y=}$$
$$y=\qquad \cdots\cdots④$$

④を①に代入 → $x-3×\qquad =-2$
$$x=$$

解は，$x=\qquad$ ，$y=$

> **注意!**
> 右辺の整数を10倍
> するのを忘れない
> こと。

(2) $\begin{cases} x+6y=38 & \cdots\cdots① \\ 0.1x-0.03y=0.02 & \cdots\cdots② \end{cases}$

②を　　倍する。

$$x-\qquad y=\qquad \cdots\cdots③ \quad ⌐0.1xも100倍する$$

①と③を連立方程式として解く。

$$①\qquad\qquad x+6y=38$$
$$③×2\quad +)\quad x-6y=$$
$$\overline{\qquad x\quad =}$$
$$x=\qquad \cdots\cdots④$$

④を①に代入 → $\qquad +6y=38$
$$6y=$$
$$y=$$

解は，$x=\qquad$ ，$y=$

> **ポイント**
> 何倍するかは，小数点以
> 下のけた数が最も大き
> いものに合わせる。

(2) A＝B＝Cの形の方程式の解き方

$$\begin{cases} A=C \\ B=C \end{cases} \quad \begin{cases} A=B \\ A= \end{cases} \quad \begin{cases} A= \\ B= \end{cases}$$

のどれかの形の 連立方程式 に直して解く。

ポイント

どの組み合わせに
すると、あとの計算
がラクになるかを
考える。

$2x+y=9x+2y=5$

$$\begin{cases} \quad\quad\quad =5\cdots\cdots① \\ \quad\quad\quad =5\cdots\cdots② \end{cases} \begin{cases} A=C \\ B=C \end{cases} \text{の形}$$

の組み合わせが、あとの計算がラク。

$\begin{cases} A=B \\ B=C \end{cases}$ だと、

$\begin{cases} 2x+y=9x+2y \\ 9x+2y=5 \end{cases}$

で、あとの計算がメンドウ。

```
①×2      x+2y=10
②   −)   9x+2y=5
─────────────────
         x   =
```

$x=$ 　　　　……③

③を①に代入 ➡ 2×　　　＋y=5

$y=$

解は、$x=$ 　　　, $y=$

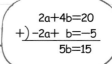

ボクを2回
使うのが
いちばん
ラクだね。

(3)解から係数を求める

連立方程式の 　　　 を2つの式に代入して、

a, bについての連立方程式を解く。

連立方程式 $\begin{cases} ax+by=10 & \cdots\cdots① \\ bx-ay=-5 & \cdots\cdots② \end{cases}$

の解が$x=1$, $y=2$のときのa, bの値を求めなさい。

$x=1$, $y=2$を①, ②に代入。

$$\begin{cases} a+\quad\quad =10 & \cdots\cdots③ \\ b-\quad\quad =-5 & \cdots\cdots④ \end{cases}$$

```
   2a+4b=20
+) -2a+ b=-5
────────────
      5b=15
```

③×2+④より, 5b=

$b=$ 　　　……⑤

⑤を③に代入 ➡ a+2×　　　=10

$a=$

係数は、$a=$ 　　　, $b=$

13 連立方程式の利用①

(1)代金の問題

> **代金を求める式**
>
> よく使われる式…代金＝1個の値段×

> 1個120円のなしと1個150円のかきをあわせて10個買う
> と，代金は1290円でした。
> なしとかきを，それぞれ何個買いましたか。

等しい数量関係は，

(なしの個数)＋(かきの個数)＝＿＿＿＿

(なしの代金)＋(かきの代金)＝＿＿＿＿

> 等しい数量関係を2つ
> 見つける。
> ↓
> 連立方程式にして，解く。

なしの個数をx個，かきの個数をy個とすると，＜何をx, yで表すかを必ず書く

$$\begin{cases} x+y=\underline{} & \cdots\cdots① \\ x+\underline{}y=1290 & \cdots\cdots② \end{cases}$$

①×120　　120x＋＿＿＿y＝

②　　　－)　120x＋＿＿＿y＝
_____

　　　　　　－　＿＿＿y＝－

　　　　　　　　　＿＿y＝

$y=\underline{}$　を①に代入すると，　$x+\underline{}=\underline{}$

　　　　　　　　　　　　　　　　　$x=\underline{}$

この解は問題に合っている。　♡この文章は必ず入れること

答　なし　　　個　かき　　　個

> **注意!**
> 解の検討は必要。
> 個数は自然数だから，
> もし分数や負の数に
> なったら，問題に合っ
> ていないことになる。

もし，解が
分数だったら…

私たち切られて
売られちゃうの?!

もし解が
負の数だったら‥

私はホントは
ここにいないの?!

イヤァァァ

(2) 整数の問題

2けたの整数を表す式

十の位の数をx, 一の位の数をyとすると,　　　$x+$　　y

注意!
$x+y$ではない。
$x+y$だと, 各位の数の和になる。

> 2けたの正の整数があります。この整数は, 各位の数の和の3倍よりも8大きい数です。
> また, 十の位の数と一の位の数を入れかえた整数は, もとの整数よりも9大きくなります。
> もとの整数を求めなさい。

ことばの式にすると, @になる。

ことばの式にすると, ⓑになる。

等しい数量関係は,

(もとの整数)＝(各位の数の和)×　　＋　　……@

(入れかえた整数)＝(もとの整数)＋　　……ⓑ

十の位の数をx, 一の位の数をyとすると,

$\begin{cases} x+\quad =3(\quad +\quad)+8 \cdots\cdots① \\ y+\quad =\quad x+\quad +9 \cdots\cdots② \end{cases}$

上の@より（もとの整数、各位の数の和）

上のⓑより（入れかえた整数、もとの整数）

①, ②の式を整理すると,

① $x+\quad =\quad x+\quad y+8$

$x-\quad y=8 \cdots\cdots③$

② $x+\quad y=9$

$-x+y=1 \cdots\cdots④$ ）÷9

③, ④を連立方程式として解く。

③　　　　$x-\quad y=8$

④×2　＋)　　$x+\quad y=$

　　　　　　$x\quad =$

　　　　　　　$x=$

$x=$　　を④に代入すると,　　＋$y=1$

　　　　　　　$y=$

$x=0$だと2けたの整数にはならないので, 問題に合わない。

求める整数は　　で, これは問題に合っている。　　答

14 連立方程式の利用②

(1)割合の問題

割合を表す式

割合の表し方…a% ➡ $\dfrac{a}{\underline{}}$ ┈┈┈┈┈┈

a%増加した数量…$(100+\underline{})$%

a%減少した数量…$(100-\underline{})$%

> 歩合の場合
> a割 → $\dfrac{a}{10}$

ある店で、ケーキとドーナツを買いました。定価で買うと、金額の合計は470円でしたが、ケーキは20%引き、ドーナツは10%引きで売られていたので、代金は388円でした。
ケーキとドーナツの定価は、それぞれ何円ですか。

等しい数量関係は、

(ケーキの定価)＋(ドーナツの定価)＝ $\underline{}$ ……ⓐ

(ケーキの売り値)＋(ドーナツの売り値)＝ $\underline{}$ ……ⓑ

> 20%引きは、
> 100−20＝80(%)
> 10%引きは、
> 100−10＝90(%)

ケーキの定価をx円、ドーナツの定価をy円とすると、

$$\begin{cases} x+y=\underline{} & \cdots\cdots① \text{ 上のⓐより} \\ \dfrac{80}{100}x+\underline{}y=\underline{} & \cdots\cdots② \text{ 上のⓑより} \end{cases}$$

②の両辺を $\underline{}$ 倍して、

> 注意!
> 右辺の整数にも100をかけるのを忘れないこと。

$\left.\begin{array}{l} 80x+\underline{}y=\underline{} \\ 8x+\underline{}y=\underline{} \end{array}\right\} \div10$　……③

$\begin{array}{ll} ①×8 & 8x+8y=\underline{} \\ ③ \quad -) & 8x+9y=\underline{} \\ \hline & \quad\quad -y=\underline{} \\ & \quad\quad\ \ y=\underline{} \end{array}$

> ①と③を連立方程式として、加減法で解く

$y=\underline{}$ を①に代入すると、$x+\underline{}=\underline{}$

$$x=\underline{}$$

> 金額を求める問題だから、分数、小数や負の数の解は、この問題に合っていない。

この解は問題に合っている。

答　ケーキ $\underline{}$ 円, ドーナツ $\underline{}$ 円

(2)速さ・時間・道のりの問題

時間を求める式

よく使われる式…時間＝────

道のり ÷÷ 速さ✕時間

A地点からB地点を経て，C地点まで，34 kmの道のり
を自転車で行きます。A，B間は時速12 kmで，B，C間
は時速10 kmで走ったら，3時間かかりました。A，B
間，B，C間の道のりは，それぞれ何kmですか。

等しい数量関係は，
　(A, B間の道のり)＋(B, C間の道のり)＝　　　……ⓐ
　(A, B間の時間)＋(B, C間の時間)＝　　　　……ⓑ

A, B間の道のりをx km, B, C間の道のりをy kmとすると，

$\begin{cases} x+y= & ……① \text{上の}ⓐ\text{より} \\ \dfrac{x}{12}+ \quad = & ……② \text{上の}ⓑ\text{より} \end{cases}$

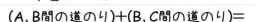
時間＝道のり／速さ

②の両辺を　　倍して，
　5x＋　　y＝　　　……③
①×5　　5x＋　　y＝
③　　－) 5x＋　　y＝
　　　　　　　　－y＝
　　　　　　　　　y＝

①と③を連立方程式
として，加減法で解く

注意！
右辺の整数にも 60 を
かけるのを忘れない
こと。

y＝　　　を①に代入すると，x＋　　　＝
　　　　　　　　　　　　　　　　　x＝

この解は問題に合っている。
　答　A, B間　　　km, B, C間　　　km

道のりを求める問題だか
ら，負の数の解はこの問
題に合っていない。

関係をとらえにくいと
きは，表を使うとよい。

	A, B間	B, C間	合計
道のり(km)	x	y	34
速さ(km/h)	12	10	
時間(時間)	$\dfrac{x}{12}$	$\dfrac{y}{10}$	3

①の式になる。

②の式になる。

確認テスト②

●目標時間：３０分　●１００点満点　●答えは別冊 21 ページ

1 次の連立方程式を解きなさい。

(5点×6)

(1) $\begin{cases} 2x+y=3 \\ 4x-y=9 \end{cases}$

(2) $\begin{cases} x-2y=4 \\ 2x-7y=-1 \end{cases}$

〔　　　　　〕　　　　〔　　　　　〕

重要 (3) $\begin{cases} 2x-3y=-13 \\ 5x+2y=-4 \end{cases}$

(4) $\begin{cases} 3x+4y=-3 \\ 4x+7y=6 \end{cases}$

〔　　　　　〕　　　　〔　　　　　〕

(5) $\begin{cases} 2x-5y=9 \\ y=x-3 \end{cases}$

(6) $\begin{cases} x=3y+7 \\ 4x+3y=-17 \end{cases}$

〔　　　　　〕　　　　〔　　　　　〕

2 次の連立方程式を解きなさい。

(5点×4)

重要 (1) $\begin{cases} 3x-y=4 \\ 2x-3(y-2)=11 \end{cases}$

(2) $\begin{cases} 2(3x+2y)=x+32 \\ 3x-2y=6 \end{cases}$

〔　　　　　〕　　　　〔　　　　　〕

重要 (3) $\begin{cases} 4x+y=4 \\ \dfrac{1}{3}x-\dfrac{3}{4}y=2 \end{cases}$

(4) $\begin{cases} 0.3x+0.2y=1 \\ 4x+5y=32 \end{cases}$

〔　　　　　〕　　　　〔　　　　　〕

3 次の方程式を解きなさい。 (5点×2)

(1) $x+2y=-2x-3y=2$　　　　　　　　(2) $3x-y-7=2x-5y=1$

〔　　　　　　　　〕　　　　　〔　　　　　　　　〕

4 連立方程式 $\begin{cases} ax+4y=2 \\ 3x-by=7 \end{cases}$ の解が $x=3$，$y=2$ であるとき，a，b の値を求めなさい。

(10点)

〔　　　　　　　　〕

5 鉛筆 2 本とノート 3 冊の代金は 470 円で，同じ鉛筆 4 本とノート 2 冊の代金は 500 円です。この鉛筆 1 本とノート 1 冊の値段は，それぞれ何円ですか。 (10点)

〔　　　　　　　　〕

6 ある学校の昨年のテニス部員は，男女あわせて 45 人でした。今年は，男子は 20% 増え，女子は 20% 減ったので，男女あわせて 42 人になりました。
昨年の男子，女子の人数は，それぞれ何人ですか。 (10点)

〔　　　　　　　　〕

7 A さんは家から 700m 離れた駅に向かいました。はじめは分速 60m で歩き，途中から分速 100m で走ったら，家を出てから 9 分で駅に着きました。
歩いた道のりと走った道のりは，それぞれ何 m ですか。 (10点)

〔　　　　　　　　〕

15 1次関数と変化の割合

(1) 1次関数

> **1次関数（じ かんすう）**
>
> 1次関数…yがxの1次式で表される関数。
>
> 1次関数の式…$y = \underline{\quad\quad} + \underline{\quad\quad}$ 　a, bは定数$(a \neq 0)$
>
> 　　　xに比例する部分　　　定数の部分

1次関数である関係

　　● $y = ax + b$の形になる関係

　　→ $y = 2x - 5$, $y = -4x + 1$, $y = \dfrac{3}{4}x + 3$ など

　　● $y = ax + b$で, $b = 0$である関係

　　→ $y = 5x$, $y = -2x$, $y = \dfrac{2}{3}x$ など

私も仲間！

ポイント

$b = 0$ のときは, 比例の関係になる。

↓

比例は, 1次関数の特別な場合。

　　● 変形すると$y = ax + b$の形になる関係

　　→ $3x + 4y = 8$を変形すると,

　　　　$4y = \underline{\quad\quad} x + \underline{\quad\quad}$

　　　　$y = \underline{\quad\quad\quad\quad}$　　←1次関数の式

　　→ $y = 3(x - 4)$の( )をはずすと,

　　　　$y = \underline{\quad\quad\quad\quad}$　　←1次関数の式

ポイント

1次関数かどうかは, $y = \sim$の形に直して判断する。

1次関数とまぎらわしい関係

$y = \dfrac{3}{x} + 1$　　…右辺がxの1次式になっていない

$y = x^2 + 2$　　→ 1次関数ではない

　　yがxの2次式で表されるとき,「yはxの2次関数」であるという。

$y = 3x$は比例の関係,
$y = \dfrac{3}{x}$は反比例の関係。

(2)変化の割合

変化の割合…xの増加量に対するyの　　　　　　の割合。

1次関数の変化の割合…$y＝ax＋b$の変化の割合は

　　　　　　　　一定で，　　　に等しい。
　　　　　　　　　　　　　　└─ xの係数

→ 変化の割合＝$\dfrac{　　　の増加量}{　　　の増加量}$＝　　　……①

> $y＝2x＋1$の変化の
> 割合は，
> xの値が1から3ま
> で増加したとき，
> $\dfrac{7-3}{3-1}＝\dfrac{4}{2}＝2$
> xの値が2から5ま
> で増加したとき，
> $\dfrac{11-5}{5-2}＝\dfrac{6}{3}＝2$

1次関数$y＝3x－5$の変化の割合…　　　　　　
1次関数$y＝－2x＋7$の変化の割合…　　　　　　　└─ xの係数に等しい

$y＝ax＋b$で，xの値が増加するとき，

yの値は，$\begin{cases} a>0のとき…　　　　する。 \\ a<0のとき…　　　　する。 \end{cases}$

→ $y＝－4x＋3$で，xの値が増加するとき，
　　yの値は　　　　する。

> **注意!**
> 反比例の関係では，
> 変化の割合は一定
> ではない。

(3) yの増加量の求め方

yの増加量＝　　　×(　　　の増加量) ← (2)の①の式より
　　　　　└─ 変化の割合

xの増加量が1のときのyの増加量…　　　　　

$y＝\dfrac{1}{4}x＋5$で，xの増加量が4のときのyの増加量

…　　　×4＝

$y＝－3x＋2$で，xの増加量が2のときのyの増加量

…　　　×2＝

> **注意!**
> yの増加量を
> $\dfrac{1}{4}$×4+5=6と
> 求めてはダメ。
> 6は，$x＝4$のとき
> のyの値。

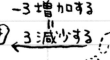

「－3増加する
ということは，
3減少する
ということだね。」

－3増加する
＝
3減少する

－1　－1　－1

43

16 1次関数のグラフ

(1)1次関数のグラフ

$y=ax+b$のグラフ
…$y=ax$のグラフを、　軸
の正の方向に　　　だけ平行
移動した直線。

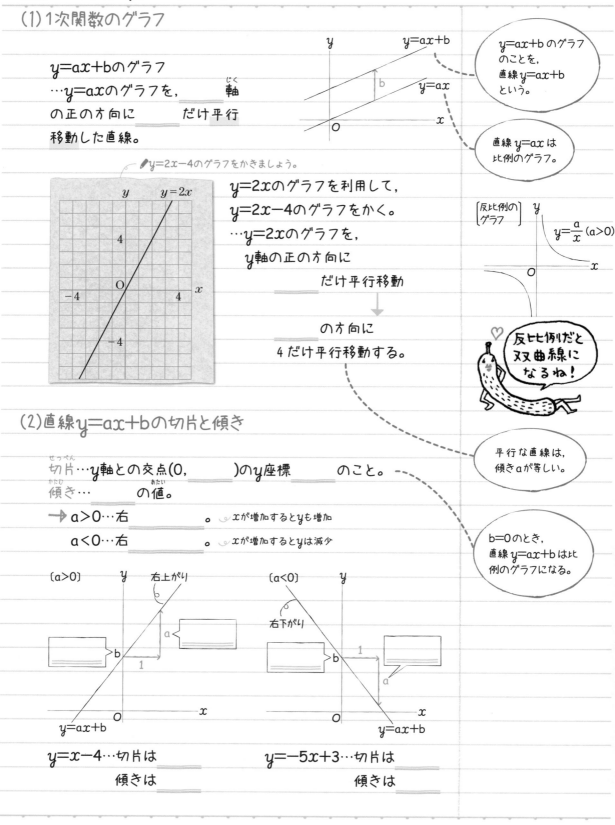

✏ $y=2x-4$のグラフをかきましょう。

$y=2x$のグラフを利用して、
$y=2x-4$のグラフをかく。
…$y=2x$のグラフを、
　y軸の正の方向に

　　　だけ平行移動

↓

　　　の方向に
4だけ平行移動する。

$y=ax+b$のグラフ
のことを、
直線$y=ax+b$
という。

直線$y=ax$は
比例のグラフ。

反比例の
グラフ

$y=\dfrac{a}{x}$ ($a>0$)

反比例だと
双曲線に
なるね!

(2)直線$y=ax+b$の切片と傾き

切片…y軸との交点$(0,$　　$)$のy座標　　　のこと。
傾き…　　　の値。

→ $a>0$…右　　　　。 ⌒ xが増加するとyも増加
　$a<0$…右　　　　。 ⌒ xが増加するとyは減少

平行な直線は、
傾きaが等しい。

$b=0$のとき、
直線$y=ax+b$は比
例のグラフになる。

〔$a>0$〕　　　　右上がり

b　1

a

$y=ax+b$

〔$a<0$〕　　右下がり

b　1

a

$y=ax+b$

$y=x-4$…切片は　　　　　　　　$y=-5x+3$…切片は

傾きは　　　　　　　　　　　　傾きは

（3）1次関数のグラフのかき方

$y＝ax＋b$のグラフが通る2点を見つける。

切片から1点…点(　　 , 　　)を通る。

傾きから1点…この点から右へ1，上へ 　　 だけ
　　　　　　進んだ点を通る。

> 2つの点を通る直線は1本しかない。

> この2点を通る直線をひけばよい

（1） $y＝2x-3$

切片が

…点(　　 , 　　)を通る。
　　　　　　↳ ①の点

傾きが

…①の点から

右へ1，上へ 　　 だけ

進んだ点を通る。
　↳ この点は点(1，−1)

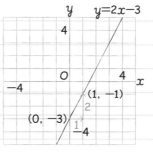

（2） $y＝-\dfrac{2}{3}x+2$

> 傾き a が分数のときは，分母の数だけ右へ，分子の数だけ上（下）へ進んだ点を見つける。

> こうすれば，求める点の座標が整数になる。

切片が

…点(　　 , 　　)を通る。
　　　　　　　↳ ②の点

傾きが

…②の点から

右へ3， 　　 へ

だけ進んだ点を通る。
　　↳ この点は点(3，0)

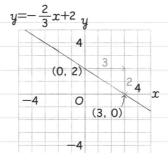

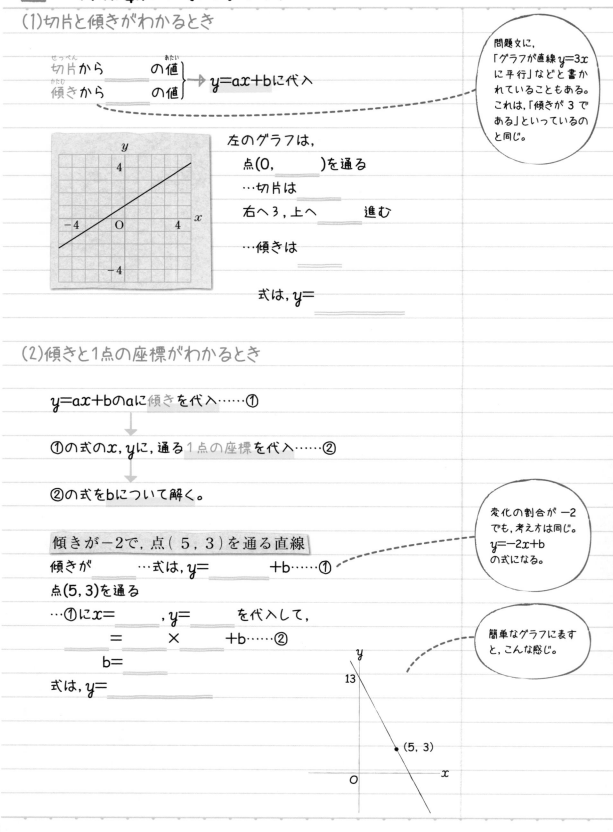

17 1次関数の式の求め方

(1)切片と傾きがわかるとき

切片から ___ の値
傾きから ___ の値 }→ y＝ax＋bに代入

問題文に,「グラフが直線 y＝3x に平行」などと書かれていることもある。これは,「傾きが3である」といっているのと同じ。

左のグラフは,
点(0, ___)を通る
…切片は
右へ3,上へ ___ 進む
…傾きは
式は,y＝

(2)傾きと1点の座標がわかるとき

y＝ax＋bのaに傾きを代入……①

①の式のx,yに,通る1点の座標を代入……②

②の式をbについて解く。

変化の割合が−2でも,考え方は同じ。y＝−2x＋b の式になる。

傾きが−2で,点(5 , 3)を通る直線

傾きが ___ …式は,y＝ ___ ＋b……①
点(5,3)を通る
…①にx＝ ___ ,y＝ ___ を代入して,
___ ＝ ___ × ___ ＋b……②
b＝ ___
式は,y＝

簡単なグラフに表すと,こんな感じ。

13
(5, 3)
O x

46

(3) 2点の座標がわかるとき

解き方(1)…まず, 傾きaを求める。

$$\rightarrow a=\dfrac{\text{の増加量}}{\text{の増加量}}\quad\text{変化の割合の求め方と同じ}$$

（吹き出し）およその形のグラフをかくのに慣れておくと, 解き方のイメージがつかみやすい。

(1) 2点(1, 2), (3, 8)を通る直線

傾き$a=\dfrac{8-2}{3-1}=$ _____

$\rightarrow$ 式は, $y=$ _____ $+b$……①

点(1, 2)を通る

…①に$x=$ _____ , $y=$ _____

を代入して,

_____ $=$ _____ $+b$

$b=$ _____

式は, $y=$ _____

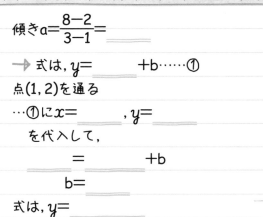
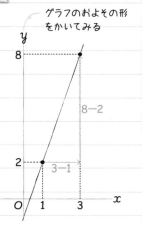

グラフのおよその形をかいてみる

（吹き出し）2回とんで6段上がる。

解き方(2)…$y=ax+b$のx, yに, 通る2点の座標を代入して,

2つの方程式をつくる。

$\hookrightarrow$これをa, bについての連立方程式とみて解く。

(2) 2点(−2, 10), (3, −10)を通る直線

点(−2, 10)を通る

…式は, _____ $=$ _____ $a+b$……①

点(3, −10)を通る

…式は, _____ $=$ _____ $a+b$……②

$y=ax+b$にx, yの値を代入

①, ②を連立方程式として解くと,

①−②より, _____ $=$ _____ a

$a=$ _____ ……③

③を①に代入して, _____ $=$ _____ $\times($ _____ $)+b$

$b=$ _____

式は, $y=$ _____

〔別解〕

左の問題を解き方(1)で解くと, 傾きaは,

$$\dfrac{-10-10}{3-(-2)}=-4$$

だから, 式は$y=-4x+b$

この式に$x=-2, y=10$を代入して,

$10=-4\times(-2)+b$

$b=2$

したがって, 求める式は,

$y=-4x+2$

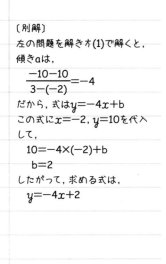

47

(2) y＝kのグラフ

y＝kのグラフ
…点(0,   )を通り,
　　　＿＿軸に平行な直線。

このグラフ

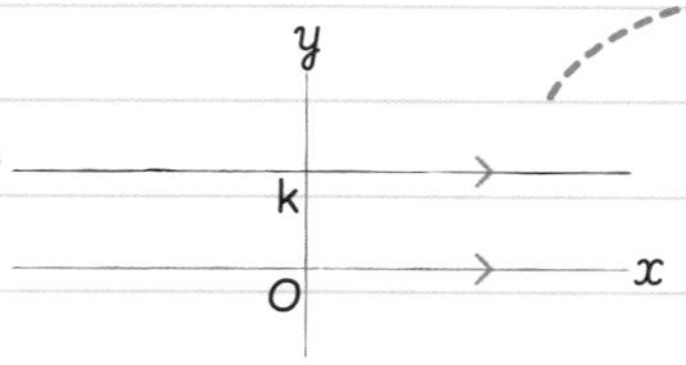

方程式 $ax+by=c$ で, $a=0$ の場合のグラフ。

x の値がどんな値でも, y の値はいつも k。

3y＋6＝0のグラフ

$y=$ 〜の形に変形。
…$3y=$ ＿＿＿＿
　$y=$ ＿＿＿　……①
①より,
　点(0, ＿＿＿)を通り,
　　　＿＿軸に平行な直線になる。

✏グラフをかきましょう。

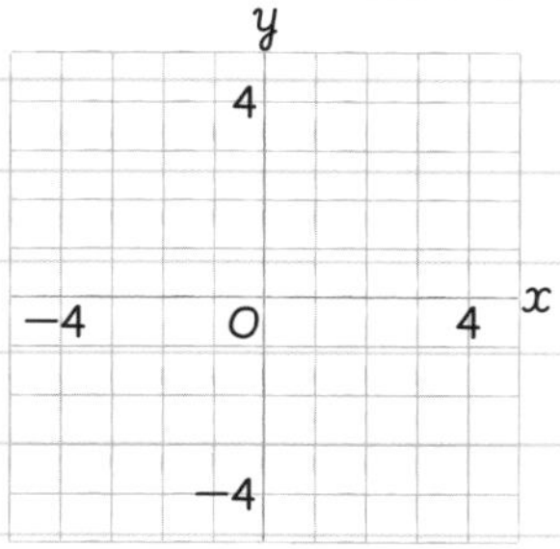

(3) x＝hのグラフ

x＝hのグラフ
…点(,0)を通り,
　　　＿＿軸に平行な直線。

このグラフ

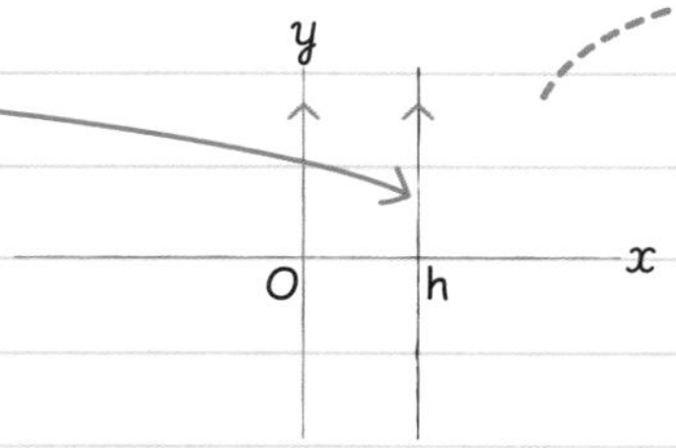

方程式 $ax+by=c$ で, $b=0$ の場合のグラフ。

y の値がどんな値でも, x の値はいつも h。

−4x−12＝0のグラフ

$x=$ 〜の形に変形。
…$-4x=$ ＿＿＿＿
　$x=$ ＿＿＿　……①
①より,
　点(＿＿＿ ,0)を通り,
　　　＿＿軸に平行な直線になる。

✏グラフをかきましょう。

エート…
y＝kはy軸に平行で,
x＝hはx軸に平行……?

ブッブー!
単純に考えるとミスするよ!

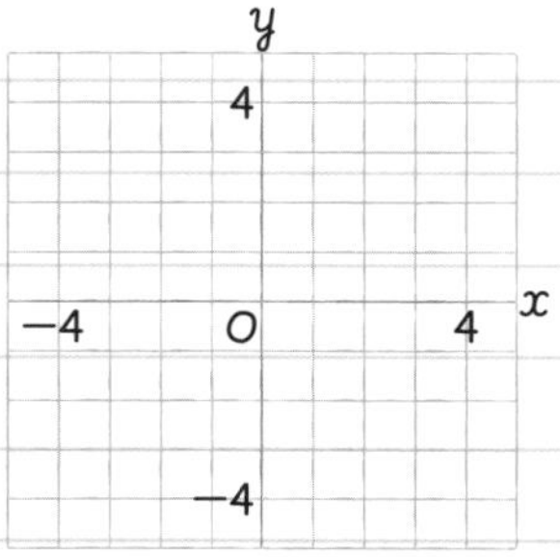

19 連立方程式の解とグラフ

(1)連立方程式の解とグラフ

連立方程式の解をグラフから求める

…2つの方程式のグラフをかく。

↓

その　　　　　　　の x 座標, y 座標の組が解になる。

直線①
…方程式①の解を
座標とする点の
集まり（Ⓐ）

直線②
…方程式②の解を
座標とする点の
集まり（Ⓑ）

↓

交点の座標
…2つの方程式に
共通な解（Ⓒ）

グラフの交点の座標

↓

連立方程式の解

左のグラフから, 解は,

$x=$ 　　　　, $y=$ 　　　

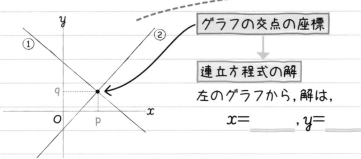

$$\begin{cases} 2x - y = 1 & \cdots\cdots① \\ x + y = 5 & \cdots\cdots② \end{cases}$$

①, ②を $y=$ ～の形に変形。

…①　$y=$ 　　　　　　

…②　$y=$ 　　　　　　

①, ②のグラフをかく。

…交点の座標は

（　　　,　　　）

↓

解は, $x=$ 　　　

$y=$ 　　　

✐①, ②のグラフをかきましょう。

直線①　直線②

Ⓐ　　Ⓑ

交点（Ⓒ）

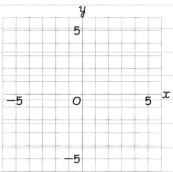

おたがいに助け合っていこう！

グラフの　交点

連立方程式　の　解

(2) 2直線の交点の座標の求め方

グラフから，2直線の式を求める。

↓

2つの式を連立方程式として解く。
…xの値 → 交点の　　　　座標
　yの値 → 交点の　　　　座標

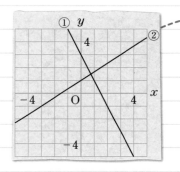

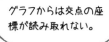
グラフからは交点の座標が読み取れない。

↓

連立方程式とみれば，座標が求められる。

①，②の直線の式を求める。

…①　$y=$ 　　　　　　　……③
　　　切片3で，右へ1，下へ2進む

…②　$y=$ 　　　　　　　……④
　　　切片1で，右へ3，上へ2進む

③，④を連立方程式として解く。

…③を④に代入　どちらも$y=$〜の形だから，代入法でまずyを消去

$$=$$
　③の右辺　　④の右辺

$-2x-\dfrac{2}{3}x=-2$
$-6x-2x=-6$
$-8x=-6$

$x=$ 　　　……⑤

…⑤を③に代入

$y=$ 　　×　　 ＋ 　　＝ 　　……⑥

⑤，⑥より，直線①，②の交点の座標は，(　　 , 　　)

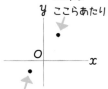
この点が座標平面のどのあたりになるかを確認すると，計算ミスを防げる。
正解は
y ここらあたり
O 　　x
たとえばここらあたりだったら，×

51

20 1次関数の利用

(1)速さ・時間・道のり

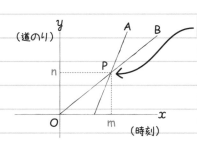

交点PでAがBに追いついた

追いついた時刻

…交点Pの　　　　　座標 〜mの値

出発点からの道のり

…交点Pの　　　　　座標 〜nの値

途中で休けいすると，グラフはx軸に平行になるよ。

兄は自転車で，弟は徒歩で，家から3km離れた公園に行きました。
そのときのようすを，弟が9時に家を出発してからの時間をx分，家からの道のりを$y$kmとして，右のグラフに表しました。
兄が弟に追いつく時刻と場所を求めなさい。

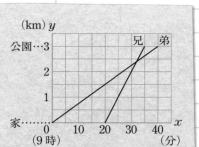

直線の式を求める。　切片は0→式は$y=ax$

　弟…2点(0, 0), (40, 3)を通るから，

　　　直線の式は，$y=$　　　　　……①

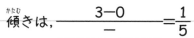
$y=ax$に$x=40$, $y=3$を代入して，aの値を求める。

　兄…2点(　　, 0), (　　, 3)を通るから，

　　　傾きは，$\dfrac{3-0}{}=\dfrac{1}{5}$

　　$y=\dfrac{1}{5}x+b$に$x=$　　　，$y=0$を代入して，

①を②に代入して，まずxの値を求める。

　　$0=\dfrac{1}{5}\times$　　　$+b$, $b=$

　　　直線の式は，$y=$　　　　　……②

交点の座標を求める。

　①，②を連立方程式とみて解くと，

答えるのは，出発してから追いつくまでの時間ではなく，追いついた時刻。

　　　$x=$　　　，$y=$

うっかりミス

🖊書き直しましょう。

したがって，兄が弟に追いついた時刻は，32分　——▶　正解は，

場所は，家から，　　　　　のところ。

(2) 1次関数と図形

図形の周上を動く点の問題…辺ごとに分けて考える。

右の長方形ABCDの周上を，点Pが，点Aを出発して，
毎秒2 cmの速さで点B，Cを通り，点Dまで動きます。
点Pが点Aを出発してからx秒後の△APDの面積を
y cm^{2}とします。
点Pが次の辺上を動くとき，yをxの式で表しなさい。

⑦　辺AB上　　　　④　辺BC上　　　　⑨　辺CD上

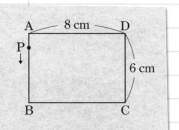

⑦　辺AB上を動くとき

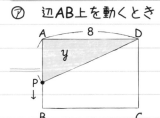

Bに着くまでの時間…3秒　　　　$6÷2=3$

　→ xの変域は　　　≦x≦3

AD=8cm，AP=　　　　cm

　→ $y=\dfrac{1}{2}×8×$　　　三角形の
　　　　　　　　　　　　　　面積の公式

$y=$　　　　（　　≦x≦　　）

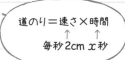
時間＝道のり／速さ

道のり＝速さ×時間
毎秒2cm　x秒

注意！
変域も必ず書こう！

④　辺BC上を動くとき　出発してからの時間 $(6+8)÷2=7$

Cに着くまでの時間…7秒

　→ xの変域は　　　≦x≦7

AD=8cm，AB=6cm

　→ $y=\dfrac{1}{2}×8×6$

$y=$　　　　（　　≦x≦7）

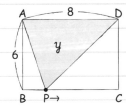

Bに着いてからCに
着くまでが変域。

⑨　辺CD上を動くとき　　$(6+8+6)÷2=10$

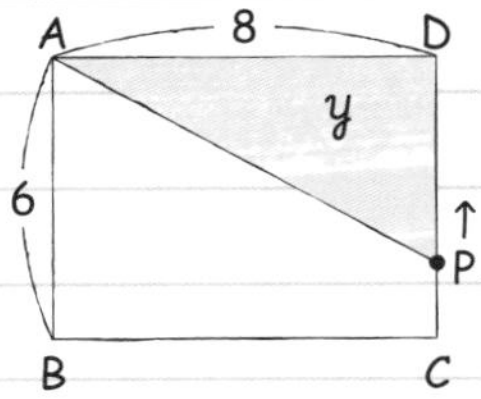

Dに着くまでの時間…10秒

　→ xの変域は　　　≦x≦10

AD=8cm

DP=$(6+8+6)-$　　　

　　＝　　　　（cm）

$y=\dfrac{1}{2}×8×($　　　　　$)$

$y=$　　　　（　　≦x≦10）

簡単なグラフに表す
とこんな感じ。

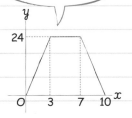

確認テスト③

/100

●目標時間：３０分　●１００点満点　●答えは別冊 22 ページ

1 1 次関数 $y = -4x + 3$ について，次の問いに答えなさい。　(5点×2)

(1) この 1 次関数の変化の割合を答えなさい。

〔　　　　　　〕

(2) x の増加量が 2 のときの y の増加量を求めなさい。

〔　　　　　　〕

2 次の 1 次関数のグラフをかきなさい。　(5点×2)

(1) $y = -2x + 2$

重要(2) $y = \dfrac{3}{4}x - 1$

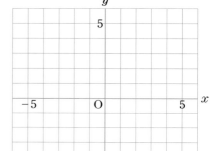

3 次の 1 次関数の式を求めなさい。　(5点×4)

(1) グラフが，傾き 4，切片 −3 の直線である。

〔　　　　　　〕

(2) x の値が 3 だけ増加するとき，y の値は −2 だけ増加し，$x = 3$ のとき，$y = 2$ である。

〔　　　　　　〕

重要(3) グラフが，2 点 $(-2, 5)$，$(4, -1)$ を通る直線である。

〔　　　　　　〕

(4) グラフが，$y = 3x + 1$ に平行で，点 $(1, -2)$ を通る直線である。

〔　　　　　　〕

4 次の方程式のグラフをかきなさい。　(8点×3)

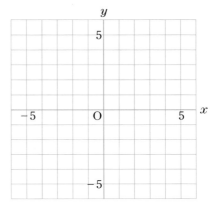

重要 (1)　$x+3y=6$

(2)　$y+4=0$

(3)　$3x-9=0$

5 右の図の直線①と②の交点の座標を求めなさい。　(10点)

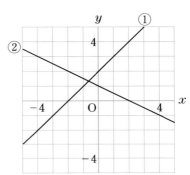

$$\left[\right]$$

6 右の直角三角形 ABC の周上を，点 P が，点 A を出発して，毎秒 1cm の速さで点 B を通り，点 C まで動きます。点 P が点 A を出発してから x 秒後の △APC の面積を $y$cm^2 とします。

次の問いに答えなさい。　((1)は8点×2，(2)は10点)

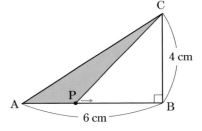

(1)　点 P が次の辺上を動くとき，y を x の式で表し，x の変域も書きなさい。

①　辺 AB 上

式……$\left[\right]$

変域…$\left[\right]$

②　辺 BC 上

式……$\left[\right]$

変域…$\left[\right]$

(2)　点 P が点 A から点 C まで動くときの x と y の関係を表すグラフを，右の図にかきなさい。

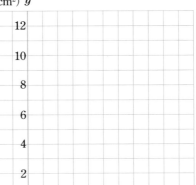

21 平行線と角

(1)対頂角

対頂角…2つの直線が交わってできる4つの角のうち，
　　　向かい合っている角。

➡ 対頂角は　　　　　　　。

右の図で，

∠a=　　　　　 ⌒ 対頂角

∠b=　　　　　 ⌒ 対頂角

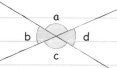

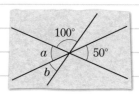

左の図で，

∠a=　　　　　 ⌒ 50°の角の対頂角

∠b=180°−(　　　　　+100°)

　　=　　　　　

ポイント

「一直線の角は180°」
を利用。
∠b+50°+100°
=180°

(2)同位角と錯角

右の図のように，2つの直線に1つの
直線が交わってできる角のうち，

同位角…∠aと　　　　 のような位置に
　　　　ある角。

∠bと　　　　 ⎫
∠cと　　　　 ⎬ これらも同位角。
∠dと　　　　 ⎭

錯角…∠bと　　　　 のような位置にある角。

∠cと　　　　 も錯角。

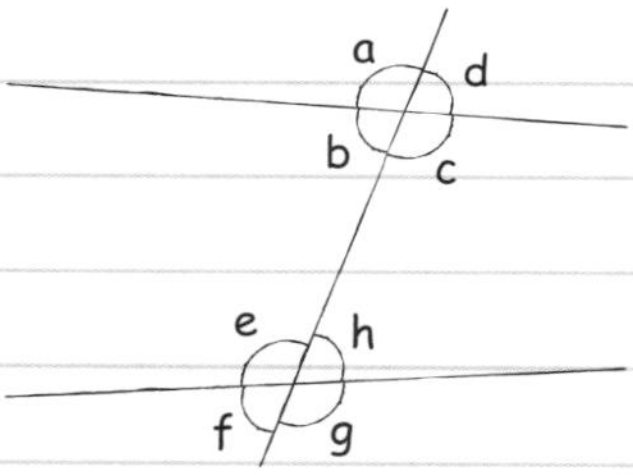

ZやNがつくる角を
考えよう。
それが 錯角!!

右の図で，∠qの同位角を答え
なさい。
また，∠tの錯角を答えなさい。

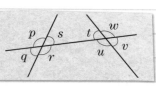

∠qの同位角は，

∠tの錯角は，

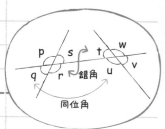

同位角

(3) 平行線の性質

2つの直線に1つの直線が交わるとき，

| 2つの直線 は平行 | 平行線の性質 →
← 平行線になる条件 | 同位角は _____ 。
錯角は _____ 。 |

逆もまた真なり！

右の図で，

ℓ // m ならば，

↓

∠a = _____ 　同位角

∠a = _____ 　錯角

逆に，∠a = _____ ，または，∠a = _____ ならば，
　　　　　　　同位角　　　　　　　　　　　　錯角

↓

ℓ // m

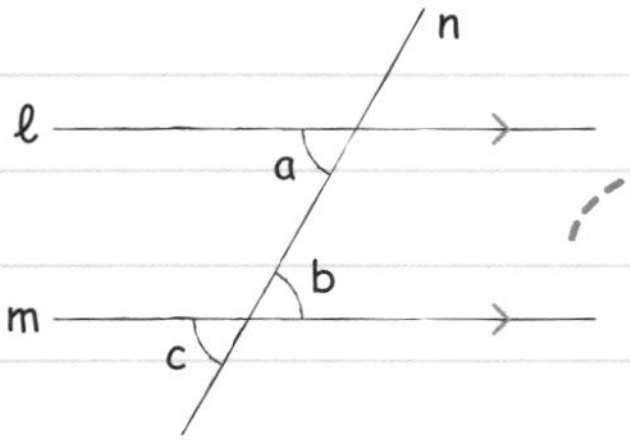

∠b と∠c は対頂角だから，
∠b = ∠c

右の図で，ℓ // m ならば，

∠c + ∠b = _____ 　一直線の角

∠a = _____ 　平行線の錯角

したがって，

∠a + ∠b = _____ ……①

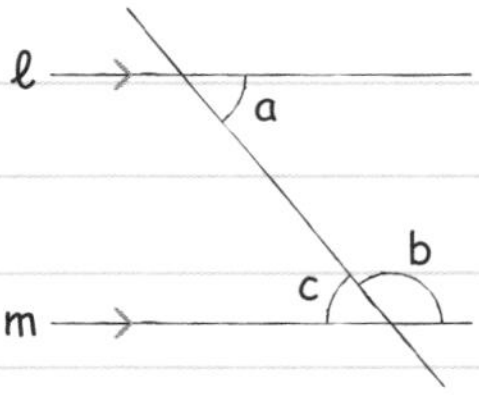

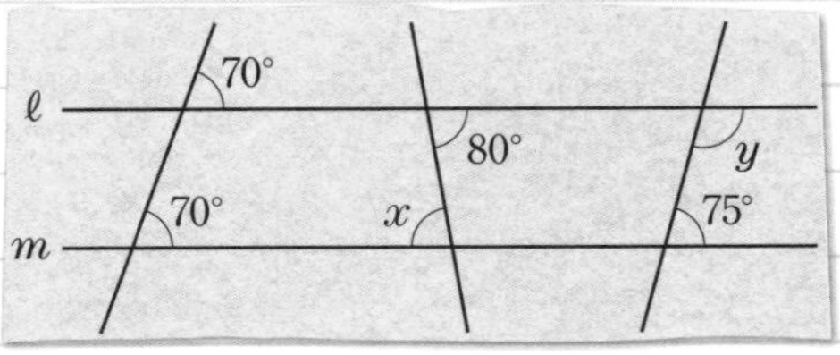

上の図で，_____ が70°で等しいから，

ℓ _____ m

平行線になる条件

∠x と80°の角は _____ だから，

∠x = _____

平行線の性質

∠y + 75° = _____ だから，　上の①より

∠y = _____ － _____

= _____

22 多角形の角

(1)三角形の内角と外角

内角…多角形の内側の角。

→ 右の△ABCの∠A, ∠B, ∠C

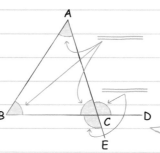

外角…多角形の1つの辺と、となりの

辺の延長とがつくる角。

→ 右の図の∠ACD, ∠　　　　など。

注意！

∠DCEは外角
ではない。

三角形の内角, 外角の性質

三角形の内角の和… 　　性質(1)

→ 右の△ABCで,

∠a+∠b+∠c＝

三角形の外角

…1つの外角は, それととなり合わな

い2つの内角の　　　に等しい。

→ 右の図で, ∠ACD＝∠a+ 　　性質(2)

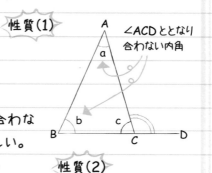

∠ACDととなり
合わない内角

これも外角
ではないよ。

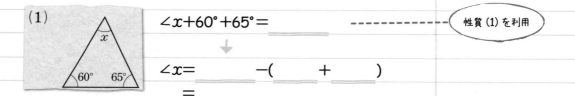

(1)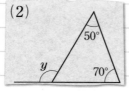

∠x+60°+65°＝　　　　　　- - - - - - - 性質(1)を利用

$\angle x =$ 　　　　−(　　　+　　　)

＝

(2)

∠y=50°+　　　- - - - - - - - 性質(2)を利用

＝

(3)

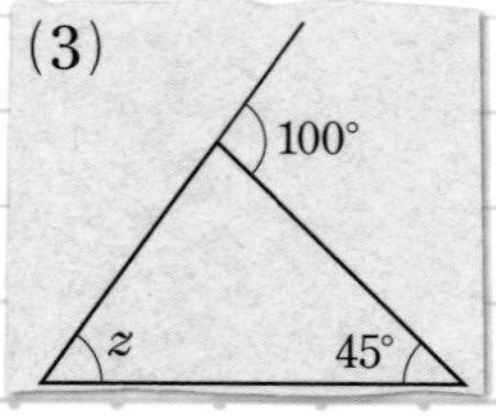

∠z+　　＝

$\angle z =$ 　　　−

＝

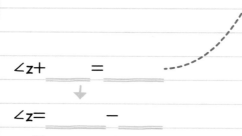

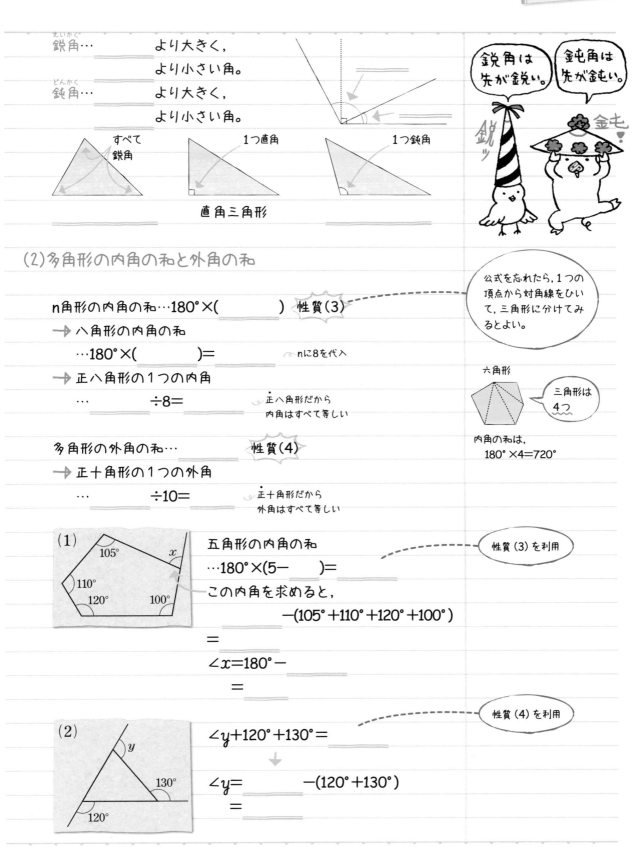

鋭角… ＿＿＿＿より大きく，
　　　＿＿＿＿より小さい角。

鈍角… ＿＿＿＿より大きく，
　　　＿＿＿＿より小さい角。

すべて
鋭角

1つ直角

1つ鈍角

直角三角形

鋭角は
先が鋭い。

鈍角は
先が鈍い。

鋭
ッ

金屯

(2)多角形の内角の和と外角の和

n角形の内角の和…180°×(　　　　) 性質(3)

公式を忘れたら，1つの
頂点から対角線をひい
て，三角形に分けてみ
るとよい。

➡ 八角形の内角の和

…180°×(　　　　)＝　　　　　　　　nに8を代入

➡ 正八角形の1つの内角

…＿＿＿＿÷8＝＿＿＿＿　　正八角形だから
　　　　　　　　　　　　内角はすべて等しい

多角形の外角の和…　　　　性質(4)

六角形

三角形は
4つ

内角の和は，
180°×4＝720°

➡ 正十角形の1つの外角

…＿＿＿＿÷10＝＿＿＿＿　正十角形だから
　　　　　　　　　　　外角はすべて等しい

(1)
105°
x
110°
120°
100°

五角形の内角の和
…180°×(5−　　)＝＿＿＿＿
この内角を求めると，
　　　＿＿＿−(105°＋110°＋120°＋100°)
＝＿＿＿＿
∠x＝180°−＿＿＿＿
＝＿＿＿＿

性質(3)を利用

(2)
y
130°
120°

∠y＋120°＋130°＝＿＿＿＿
　　　⬇
∠y＝＿＿＿−(120°＋130°)
＝＿＿＿＿

性質(4)を利用

59

23 図形の合同

(1)合同な図形

合同…平面上の2つの図形で,一方が他方に
　　　ぴったり重なる図形。- - - - - - - - -

> 裏返すと重なる図形も合同。

合同な図形の性質…<u>対応する線分や角は</u>　　　　　。
　　　　　　　　　└重なり合う線分や角

合同を表す記号
…右の△ABCと△DEFが合同
　であるとき,
　　　△ABC　　　　△DEF
　と表す。

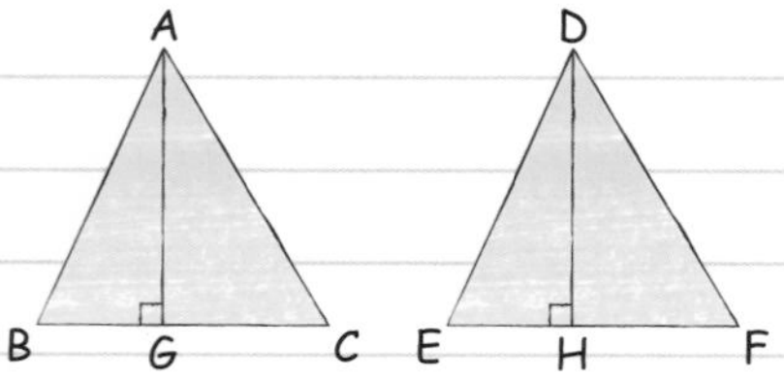

> 対応する辺の長さは等しい。

　対応する辺の関係
　→ AB＝　　　　, BC＝　　　　, CA＝

> 対応する角の大きさは等しい。

　対応する角の関係
　→ ∠A＝　　　　, ∠B＝　　　　, ∠C＝

> 対応する高さは等しい。

　対応する高さの関係
　→ AG＝

合同を表す記号を使うとき
は,対応する頂点の順に書
く。
…右の四角形が合同である
　とき, 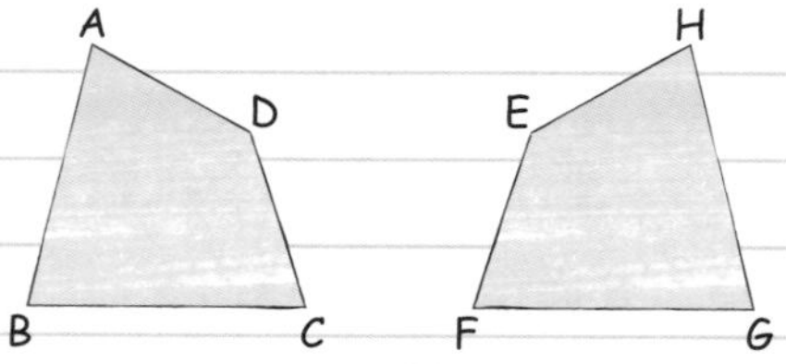
　　　四角形ABCD≡四角形EFGH　　うっかりミス♪
　　　　　　　　　　　　　　　　　↑
　✐書き直しましょう。　　　対応する頂点の順に書いていない。
　→正解は,

> 下の図の④は⑦が180°回転した四角形だね。

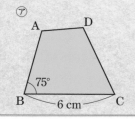
右の⑦, ④の四角形は合同です。
(1)　辺HEの長さを求めなさい。
(2)　∠Aの大きさを求めなさい。

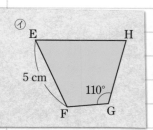

(1)　辺HEは辺BCに対応しているから,

(2)　∠Aは∠Gに対応しているから,

60

(2)三角形の合同条件

三角形の合同条件

2つの三角形は, 次のどれかが成り立てば, 合同。

(1)　3組の辺がそれぞれ等しい。

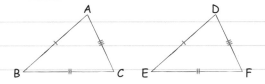

AB＝ _____
BC＝ _____
CA＝ _____

(2)　2組の辺とその間の角がそれぞれ等しい。

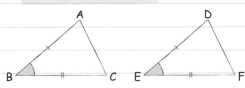

AB＝ _____
BC＝ _____
∠B＝ _____

注意!

「2組の辺と1組の角」だけでは合同とはいえない。

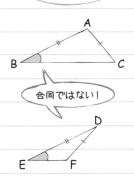

合同ではない!

(3)　1組の辺とその両端の角がそれぞれ等しい。

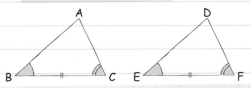

BC＝ _____
∠B＝ _____
∠C＝ _____

右の図で, 2つの三角形は合同です。そのことを, 記号≡を使って表しなさい。
また, そのときに使った合同条件も答えなさい。

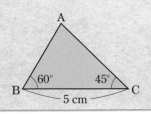

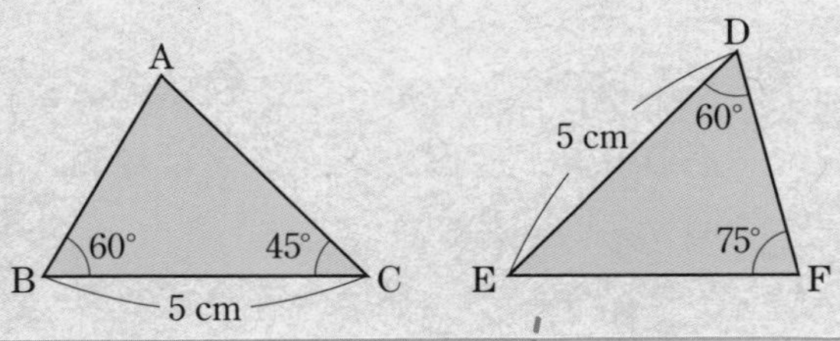

図の右の三角形で, ∠E＋75°＋60°＝ _____ より,

∠E＝ _____ −(75°＋60°)

＝ _____

2つの三角形は, _____ が

それぞれ等しいので, ⌒BC＝DE, ∠B＝∠D, ∠C＝∠E

△ABC

└ 対応する頂点の順に記号を書く。

合同条件にあてはまらないように見えるが,

↓

三角形の内角の和が180°であることを使って, 残りの角の大きさを調べる。

24 図形と証明

(1)仮定と結論

仮定（かてい）…与えられてわかっていること。

結論（けつろん）…　　　　　から導かれること。

　　　○○○ならば，□□□
　　　　　↑　　　　　　↑

△ABC≡△DEFならば，BC＝EFである。

　→ 仮定…_____　⌒「ならば」の前

　　　結論…_____　⌒「ならば」の後

8の倍数は，2の倍数である。

　→「○○○ならば，□□□」の形に書き直すと，

　　「8の倍数ならば，2の倍数である。」

　　　仮定…_____

　　　結論…_____

ポイント
わかりにくいときは，「ならば」を使った文に書き直してみる。

(2)証明

証明（しょうめい）…すでに正しいと認められていることがらを根拠（こんきょ）として，

　　　　　　　から　　　　　　　を導くこと。

図形の証明の根拠として，
・対頂角
・平行線と同位角，錯角（さっかく）
・三角形の内角，外角
・合同な図形の性質
・三角形の合同条件
などがよく使われる。

証明のしくみ

…右の図で，OA＝OC，AB∥DCであるとき，

　△OAB≡△OCDとなることは次のように証

　明する。

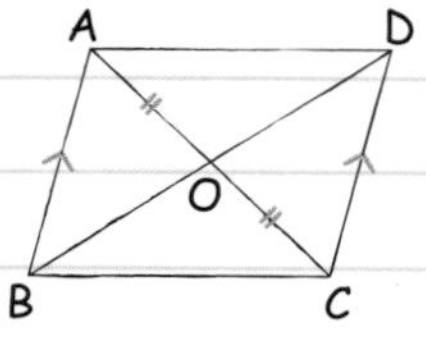

根拠となることがら

⌒仮定⌒…………………………OA＝_____　……①

　　　　　　　　　AB∥DC

対頂角は等しい……………………∠AOB＝_____　……②

平行線の錯角は等しい……………∠BAO＝_____　……③

①，②，③から，1組の辺とその

両端（りょうたん）の角がそれぞれ等しい………△OAB≡△OCD　⌒結論⌒

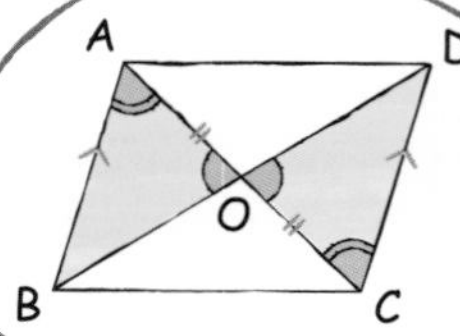

(3)証明の進め方

右の図で, AC＝BD,
∠ACD＝∠BDCであるとき,
∠DAC＝∠CBDであることを
証明しなさい。

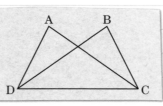

(1)　仮定と結論を確認する。

（仮定）AC＝　　　　, ∠ACD＝

（結論）∠DAC＝

証明をするときに, 問題の意味をはっきりさせるために, 最初に仮定と結論を書くことがあるが, 実際の証明では省いてもよい。

(2)　結論を導くためのことがらを考える。

…∠DAC＝∠CBDを導くためには,

△ADC≡　　　　　を示せばよい。

(3)　仮定や仮定から導かれることがらを書く。

…等しい辺や角を見つけ,

図に印をつけていくとよい。

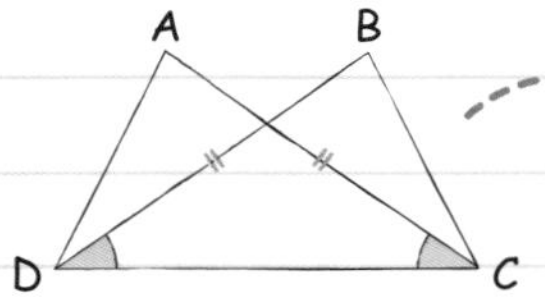

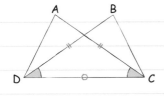

仮定からわかることがらを図に示すと, こうなる。

(4)　(3)につながりをつける。

…△ADC≡　　　　　を示すための

合同条件を決める。

この流れで証明を進めると, 次のようになる。

〔証明〕　　　　　△ADCと△BCDで,

仮定より,

AC＝　　　　　……①

∠ACD＝　　　　　……②

DCは　　　　　だから,

DC＝CD　　　　　……③

①, ②, ③から, 　　　　　　　が

それぞれ等しいので,

△ADC≡

合同な図形では, 対応する角は等しいので,

∠DAC＝

仮定や結論が文章で表されていたら, 証明では記号を使った表現に変換しよう。

文章　　　　記号
線分AB
の中点M　⇒　AM＝BM

63

確認テスト④

●目標時間：３０分　●１００点満点　●答えは別冊 22 ページ

1 右の図で，ℓ // m のとき，∠x，∠y の大きさを求めなさい。　(5点×2)

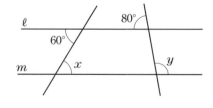

∠$x=$〔　　　　　　　〕
∠$y=$〔　　　　　　　〕

2 右の図で，∠x，∠y の大きさを求めなさい。　(5点×2)

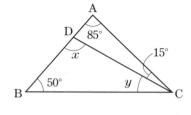

∠$x=$〔　　　　　　　〕
∠$y=$〔　　　　　　　〕

3 多角形について，次の問いに答えなさい。　(5点×5)

(1) 内角の和が $900°$ である多角形は，何角形ですか。

〔　　　　　　　　　　〕

重要(2) 正十五角形の１つの内角を求めなさい。

〔　　　　　　　　　　〕

(3) １つの外角が $20°$ である正多角形は，正何角形ですか。

〔　　　　　　　　　　〕

(4) 次の図で，∠x，∠y の大きさを求めなさい。

①

②

∠$x=$〔　　　　　　〕　　　　∠$y=$〔　　　　　　〕

4 右の図で，ℓ // m のとき，∠x の大きさを求めなさい。

(10 点)

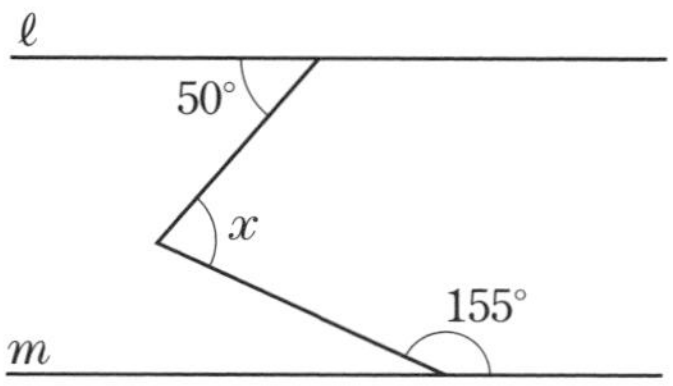

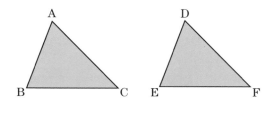

〔　　　　　　　　　〕

5 右の △ABC と △DEF は，AB＝DE，BC＝EF です。これにどのような条件を 1 つ加えれば合同になりますか。

あてはまる条件を 2 つ，式に表して答えなさい。

(4 点× 2)

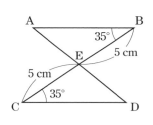

〔　　　　　　　　　〕 または，〔　　　　　　　　　〕

6 右の図で，△AEB と △DEC は合同です。このことをいうには，三角形の合同条件の何を使いますか。

(9 点)

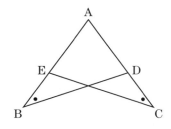

〔　　　　　　　　　　　　　〕

7 長さの等しい 2 つの線分 AC，AB 上に，∠B＝∠C となるように，それぞれ点 D，E をとります。

このとき，BD＝CE であることを証明します。

次の問いに答えなさい。

(4 点× 7)

(1) 仮定と結論を答えなさい。

（仮定）〔　　　　　　　　　　　　　　　〕

（結論）〔　　　　　　　　　　　　　　　〕

(2) BD＝CE であることを次のように証明しました。㋐〜㋔の〔　　〕にあてはまる記号やことばを答えなさい。

（証明）　△ABD と △ACE で，

仮定より，　AB＝〔㋐　　　　　〕　………①

∠B＝〔㋑　　　　　〕　………②

∠A は共通だから，∠A＝∠A　………③

①，②，③から，〔㋒　　　　　　　　　〕がそれぞれ等しいので，

△ABD ≡〔㋓　　　　　　〕

合同な図形では，対応する辺の長さは等しいので，

BD＝〔㋔　　　　　〕

25 二等辺三角形①

(1)定義

定義…ことばの意味をはっきりと述べたもの。

二等辺三角形の定義
…2つの　　　　が等しい三角形を,
　二等辺三角形という。

二等辺三角形

二等辺三角形で,
頂角…　　　　　　　2辺の間の角。
底辺…　　　　　　に対する辺。
底角…　　　　　　の両端の角。

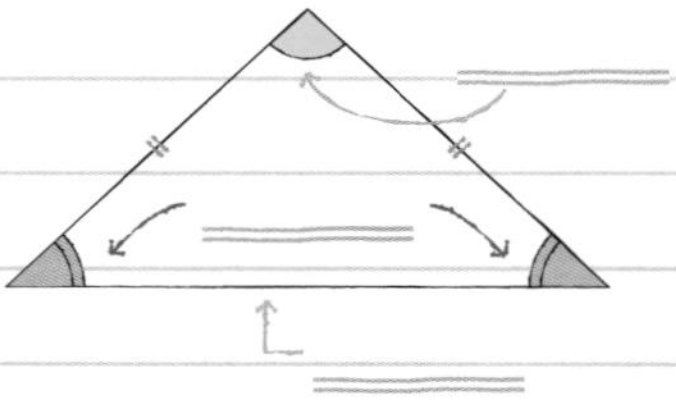

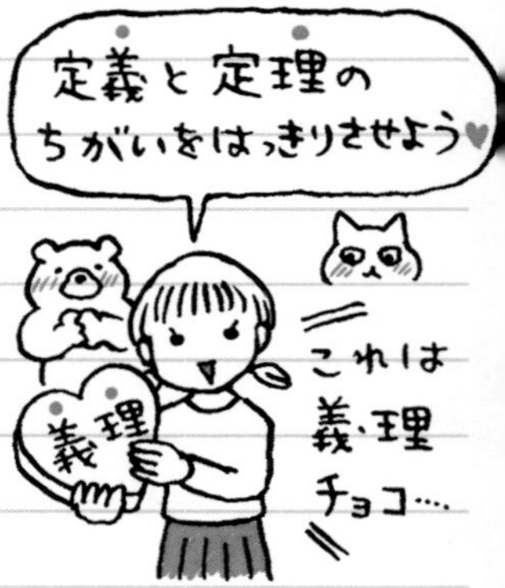

定義と定理の
ちがいをはっきりさせよう♥

これは
義理
チョコ…

義理

(2)定理

定理…　　　　されたことがらのうち,基本になるもの。
→ 図形の性質を証明するときの根拠としてよく使われる。

二等辺三角形の底角

二等辺三角形の性質(1) (定理)
…二等辺三角形の2つの底角は　　　　　　。

〔証明〕

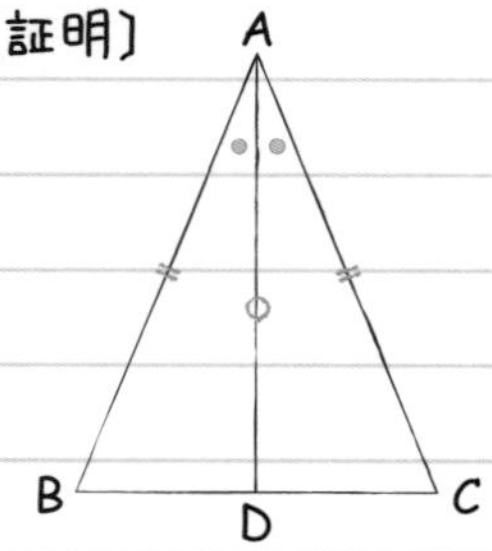

AB＝ACの二等辺三角形ABCに,∠Aの
二等分線をひき,BCとの交点をDとする。
△ABDと△ACDで,
仮定より,AB＝　　　　　　……①
ADは∠Aの二等分線だから,
　∠BAD＝　　　　　　……②
ADは共通だから,AD＝　　　　　……③
①,②,③から,　　　　　　　　　が
それぞれ等しいので,△ABD≡△ACD
合同な図形では,対応する角は等しいので,
　∠B＝

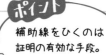

ポイント
補助線をひくのは
証明の有効な手段。

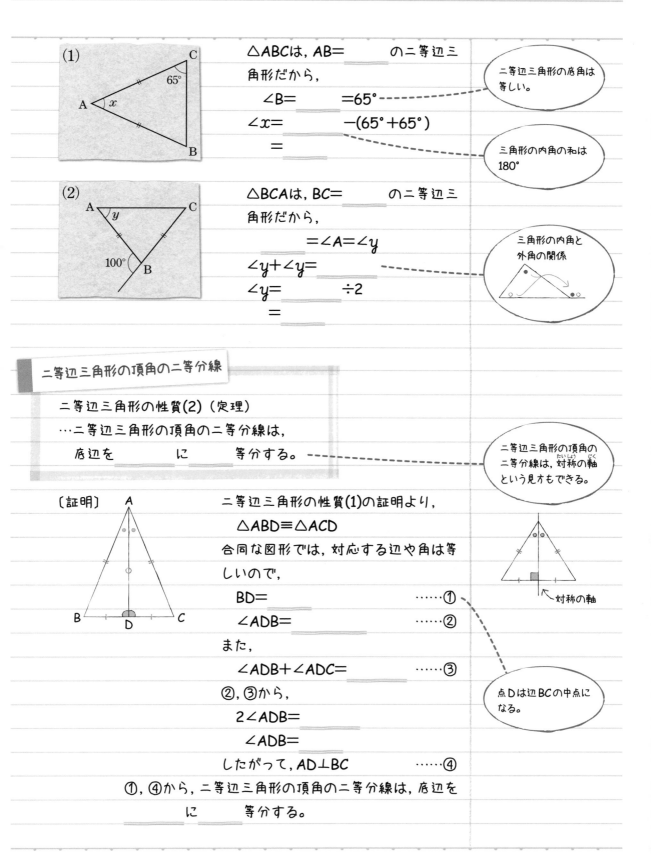

(1)

$\triangle$ABCは, AB= _____ の二等辺三角形だから,

$\angle$B= _____ =65° ······ 二等辺三角形の底角は等しい。

$\angle x=$ _____ $-(65°+65°)$

= _____ ······ 三角形の内角の和は180°

(2)

$\triangle$BCAは, BC= _____ の二等辺三角形だから,

_____ $=\angle A=\angle y$

$\angle y+\angle y=$ _____ ······ 三角形の内角と外角の関係

$\angle y=$ _____ $\div 2$

= _____

二等辺三角形の頂角の二等分線

二等辺三角形の性質(2)（定理）

…二等辺三角形の頂角の二等分線は,

底辺を _____ に _____ 等分する。 ······ 二等辺三角形の頂角の二等分線は, 対称の軸という見方もできる。

〔証明〕

←対称の軸

二等辺三角形の性質(1)の証明より,

$\triangle$ABD$\equiv$$\triangle$ACD

合同な図形では, 対応する辺や角は等しいので,

BD= _____ ……①

$\angle$ADB= _____ ……②

また,

$\angle$ADB+$\angle$ADC= _____ ……③ ······ 点Dは辺BCの中点になる。

②, ③から,

2$\angle$ADB= _____

$\angle$ADB= _____

したがって, AD⊥BC ……④

①, ④から, 二等辺三角形の頂角の二等分線は, 底辺を

_____ に _____ 等分する。

26 二等辺三角形②

(1)二等辺三角形の性質を利用した証明

AB＝ACの二等辺三角形ABCで，辺AB，AC上に，
DB＝ECとなるように，点D，Eをとります。このとき，
△DBC≡△ECBであることを証明しなさい。

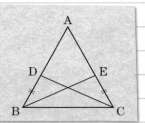

〔証明〕　　　　　　△DBCと△ECBで，

仮定より，DB＝　　　　　　……①

BCは共通だから，BC＝CB ……②

△ABCはAB＝ACの二等辺三角形

だから， 二等辺三角形の底角は等しい

∠DBC＝　　　　　　　　……③

①，②，③から，　　　　　　　　　が

それぞれ等しいので，△DBC≡△ECB

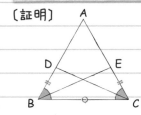

三角形の合同条件で
よく使われるのがコレ。

辺→　角
　　↑
　　辺

右の図で，
AD＝BD＝CDであるとき，
∠ABC＝90°であることを
証明しなさい。

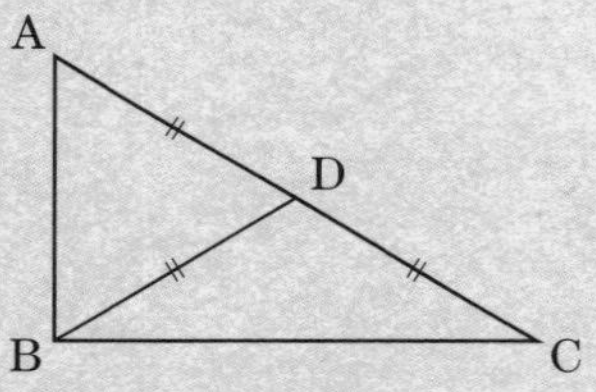

ポイント

2つの二等辺三角形
の底角に着目。

〔証明〕　　∠DBC＝a°とする。

△DBCはDB＝DCの二等辺三角形だから，

∠DBC＝　　　　　　＝a° ……①

①より，三角形の内角と外角の関係から，

∠ADB＝a°＋a°＝　　　　　　……②

△DABはDA＝DBの二等辺三角形だから，

∠DBA＝　　　　　　……③

△DABの内角の和は180°であるから，②，③より，

＋2∠DBA＝180°

∠ADB　∠DBA＝90°－　　　　　　……④

①，④から，∠ABC＝∠DBA＋

＝(90°－　　　　　)＋a°

＝90°

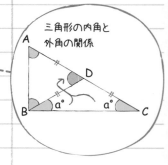

三角形の内角と
外角の関係

(2)二等辺三角形になるための条件

2つの角が等しい三角形

2つの角が等しい三角形の性質(定理)

…2つの角が等しい三角形は、＿＿＿＿＿＿＿　である。

〔証明〕
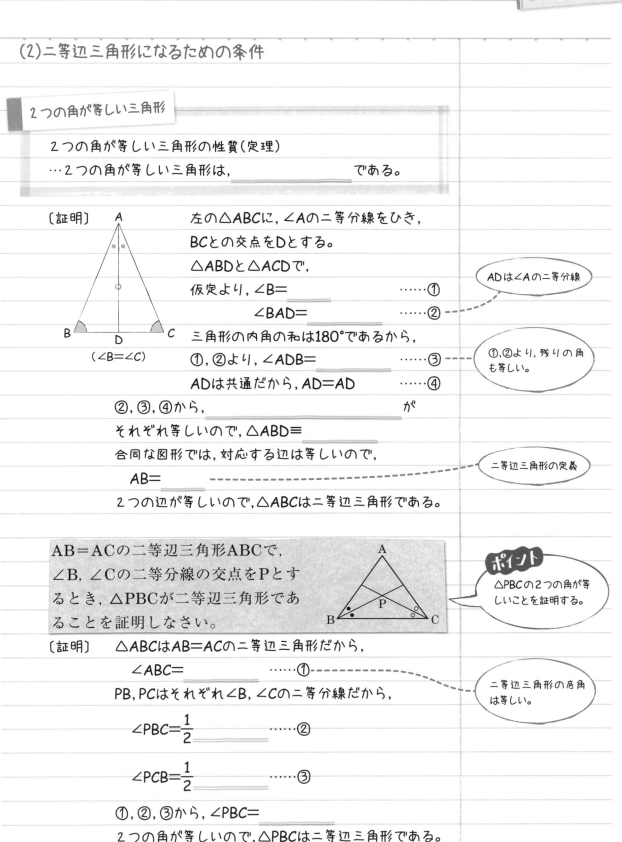
（∠B＝∠C）

左の△ABCに、∠Aの二等分線をひき、BCとの交点をDとする。

△ABDと△ACDで、

仮定より、∠B＝＿＿＿＿＿　……①

　　　　　∠BAD＝＿＿＿＿＿　……②

> ADは∠Aの二等分線

三角形の内角の和は180°であるから、

①,②より、∠ADB＝＿＿＿＿＿　……③

> ①,②より,残りの角も等しい。

ADは共通だから、AD＝AD　……④

②,③,④から、＿＿＿＿＿＿＿＿＿＿が

それぞれ等しいので、△ABD≡

合同な図形では、対応する辺は等しいので、

> 二等辺三角形の定義

　　AB＝＿＿＿＿＿

2つの辺が等しいので、△ABCは二等辺三角形である。

AB＝ACの二等辺三角形ABCで、∠B，∠Cの二等分線の交点をPとするとき、△PBCが二等辺三角形であることを証明しなさい。

ポイント
△PBCの2つの角が等しいことを証明する。

〔証明〕　△ABCはAB＝ACの二等辺三角形だから、

　　∠ABC＝＿＿＿＿＿　……①

> 二等辺三角形の底角は等しい。

PB，PCはそれぞれ∠B，∠Cの二等分線だから、

　　∠PBC＝$\frac{1}{2}$＿＿＿＿＿　……②

　　∠PCB＝$\frac{1}{2}$＿＿＿＿＿　……③

①,②,③から、∠PBC＝＿＿＿＿＿

2つの角が等しいので、△PBCは二等辺三角形である。

27 正三角形

(1)正三角形の定義

正三角形の定義

…3つの　　　　がすべて等しい三角形を,
正三角形という。

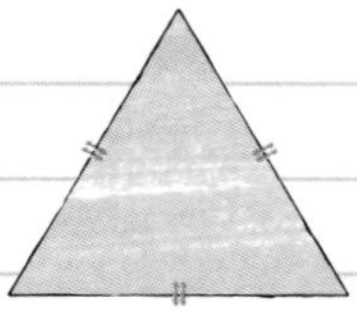

正三角形

正三角形の角

正三角形の性質(定理)

…正三角形の3つの内角は,すべて　　　　　　。

〔証明〕

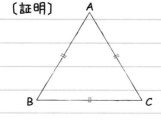

正三角形ABCを, AB＝ACの
二等辺三角形と考えると,

∠B＝　　　……①

また, BC＝BAの
二等辺三角形と考えると,

∠C＝　　　……②

①, ②から,

∠A＝∠B＝∠C

二等辺三角形の底角
は等しい。

(2)正三角形になるための条件

3つの角が等しい三角形の性質(定理)

…3つの角が等しい三角形は,　　　　　　である。

〔証明〕

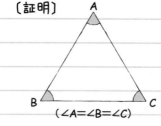

(∠A＝∠B＝∠C)

左の△ABCで, ∠B＝∠Cだから,

AB＝　　　……①

また, ∠C＝∠Aだから,

BC＝　　　……②

①, ②から,

AB＝BC＝CA

3つの辺がすべて等しいので,
△ABCは正三角形である。

2つの角が等しい三角
形は, 二等辺三角形。

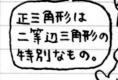

正三角形は
二等辺三角形の
特別なもの。

(3)逆

逆…あることがらの, 仮定と　　　　　　　を入れかえたもの。

　　A　　ならば,　　B　　◟Aが仮定, Bが結論

　　↕

　　B　　ならば,　　A　　◟Bが仮定, Aが結論

(1)　△ABCで, AB=ACならば, ∠B=∠C ------ (二等辺三角形の性質 (定理))

　　の逆は,

　　△ABCで,　　　　　　　　ならば,　　　(2つの角が等しい三角形の性質 (定理))

(2)　△ABCが正三角形ならば, ∠A=∠B=∠C ------ (正三角形の性質 (定理))

　　の逆は,

　　　　　　　　　　ならば, △ABCは　　　　(3つの角が等しい三角形の性質 (定理))

(1), (2)では, 逆も正しい。

しかし,

あることがらが正しくても, その逆は

正しいとは限らない。

反例…仮定にあてはまるもののうち,

　　　結論が成り立たない例。

→ あることがらが正しくないことは,

　　　　　　　　を1つでも示せば説明できる。

逆走はダメ！

整数a, bで,

　aもbも偶数ならば, a+bは偶数である。←―― これは正しい。

この逆は,

　　　　　が偶数ならば,　　　　　　　である。

これは正しくない。

反例…a+bが偶数でも, aが奇数で, bが　　　　　　の場合がある。

28 直角三角形

(1)直角三角形

直角三角形の定義
…1つの内角が　　　　　の三角形を,
直角三角形という。

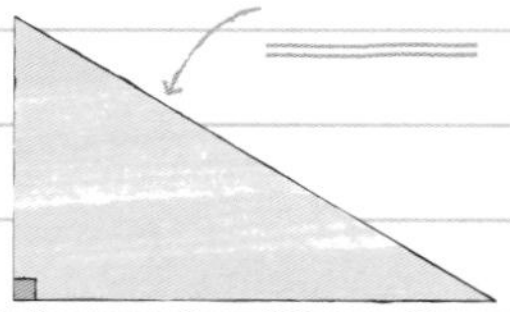

直角三角形

> 私たちが斜辺よ。

直角三角形で,
斜辺…　　　　　に対する辺。

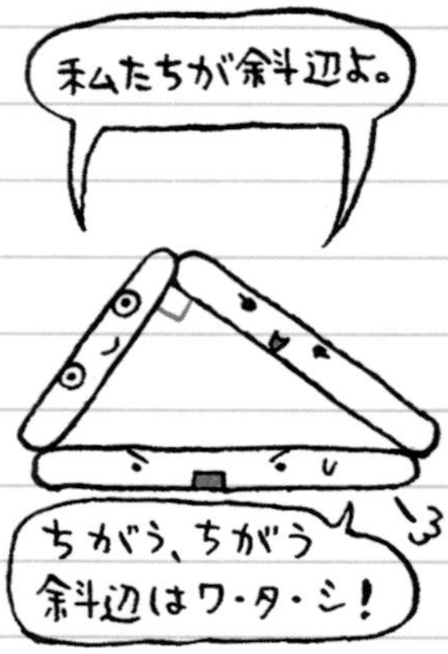

うっかりミス②

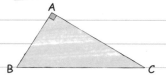

左の直角三角形の斜辺
…辺AC　←斜辺は直角に対する辺であることを
忘れて, 見た目で判断している。
✏書き直しましょう。
→正解は,

> ちがう、ちがう
> 斜辺はワ・タ・シ!

(2)直角三角形の合同条件

▎直角三角形の合同条件

2つの直角三角形は, 次のどちらかが成り立てば, 合同。(定理)

(1)　斜辺と1つの鋭角がそれぞれ等しい。

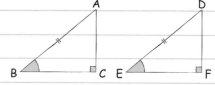

∠C=∠F=
AB=　　　　　〜斜辺
∠B=　　　　　〜1鋭角
ならば, △ABC≡△DEF

> 注意!
> 直角三角形の合同条件を使うときは, どの角が直角かを必ず示すこと。

> このとき, ∠A=∠Dになるから, 三角形の合同条件の「1組の辺とその両端の角」がそれぞれ等しいので,
> △ABC≡△DEF

(2)　斜辺と他の1辺がそれぞれ等しい。

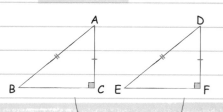

∠C=∠F=
AB=　　　　　〜斜辺
CA=　　　　　〜他の1辺
ならば, △ABC≡△DEF

> これにより, ∠B=∠E になるから, (1)で証明した直角三角形の合同条件の「斜辺と1つの鋭角」がそれぞれ等しいので,
> △ABC≡△DEF

(2)の〔証明〕　　A(D)　　裏返す
ACとDFを
重ねる。

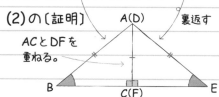

△ABEはAB=AE
の二等辺三角形になる。

右の図の直角三角形を,
合同な三角形の組に分け
なさい。そのときに使っ
た合同条件も答えなさ
い。

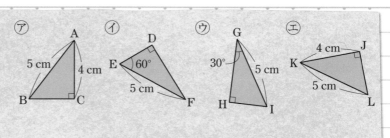

⑦と

…直角三角形の斜辺と　　　　　　　　　　がそれぞれ等しい。

④と

…直角三角形の斜辺と　　　　　　　　　　がそれぞれ等しい。

∠E＝60°
∠I＝90°－30°
　　＝60°

(3)直角三角形の合同条件を利用した問題

∠AOBの二等分線上の点Pから,
2辺OA, OBに垂線PH, PKをそ
れぞれひくとき, PH＝PKとなる
ことを証明しなさい。

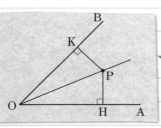

ポイント

△POH≡△POK
が証明できれば,
PH＝PKとなる。

〔証明〕

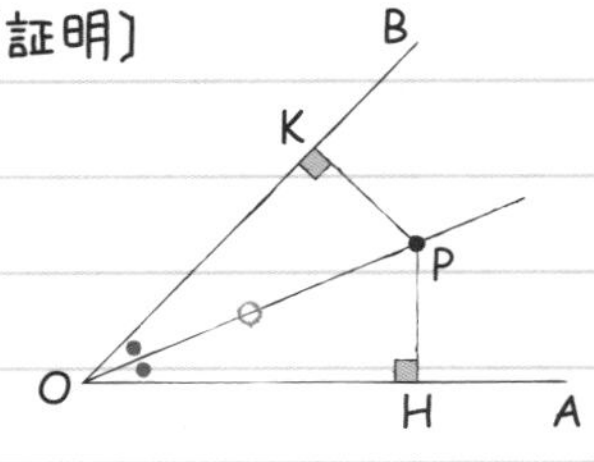

△POHと△POKで,
PH⊥OA, PK⊥OBだから,
　　∠PHO＝∠PKO＝　　　　　……①
また, POは∠AOBの二等分線だから,
　　∠POH＝　　　　　……②　　鋭角
POは共通だから,
　　PO＝PO　　　　　……③　　斜辺
①, ②, ③から, 直角三角形の　　　　　　が
それぞれ等しいので,
　　△POH≡
合同な図形では, 対応する辺は等しいので,
　　PH＝PK

①より,
△POHと△POKは
直角三角形である
ことがわかる。

直角三角形の合同条件
を使うと、証明がひと
手間省けてラクだね。

29 平行四辺形の性質

(1)平行四辺形の定義

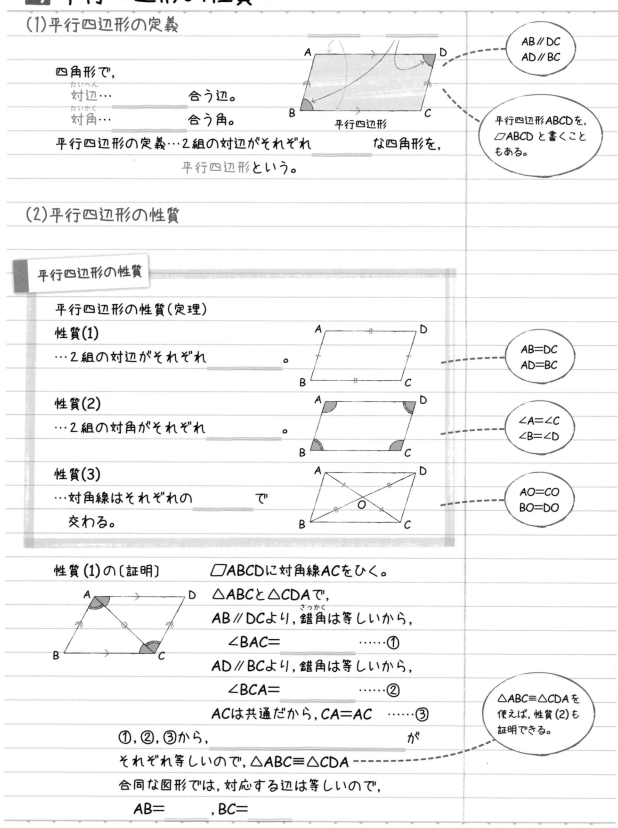

四角形で,

対辺…　　　　　　　合う辺。

対角…　　　　　　　合う角。

平行四辺形の定義…2組の対辺がそれぞれ　　　　　　な四角形を,

平行四辺形という。

AB∥DC
AD∥BC

平行四辺形ABCDを, ▱ABCD と書くこともある。

(2)平行四辺形の性質

平行四辺形の性質

平行四辺形の性質(定理)

性質(1)
…2組の対辺がそれぞれ　　　　　　。

AB=DC
AD=BC

性質(2)
…2組の対角がそれぞれ　　　　　　。

∠A=∠C
∠B=∠D

性質(3)
…対角線はそれぞれの　　　　　　で
交わる。

AO=CO
BO=DO

性質(1)の〔証明〕　　　▱ABCDに対角線ACをひく。

△ABCと△CDAで,

AB∥DCより, 錯角は等しいから,

∠BAC＝　　　　　……①

AD∥BCより, 錯角は等しいから,

∠BCA＝　　　　　……②

ACは共通だから, CA＝AC　　……③

①, ②, ③から,　　　　　　　　　が

それぞれ等しいので, △ABC≡△CDA

合同な図形では, 対応する辺は等しいので,

AB＝　　　　, BC＝

△ABC≡△CDAを
使えば, 性質(2)も
証明できる。

74

性質 (3) の〔証明〕　　□ABCDの対角線の交点をOとする。

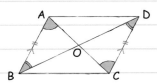

△OABと△OCDで，

　　AB＝ ＿＿＿＿＿＿＿　……①

AB∥DCより，錯角は等しいから，

　　∠BAO＝ ＿＿＿＿＿＿　……②

　　∠ABO＝ ＿＿＿＿＿＿　……③

①，②，③から，　　　　　　　　　　　　が

それぞれ等しいので，△OAB≡△OCD

合同な図形では，対応する辺は等しいので，

　　OA＝ ＿＿＿ ，OB＝ ＿＿＿

> 平行四辺形の対辺は
> それぞれ等しい。

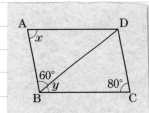

平行四辺形の対角は等しい

左の□ABCDで，∠x＝∠C＝ ＿＿＿＿

AB∥DCより，錯角は等しいから，

　　∠BDC＝∠ABD＝ ＿＿＿＿

∠y＝180°−(＿＿＿ ＋80°)

　　　　＝ ＿＿＿＿

三角形の内角
の和は180°

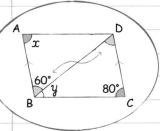

□ABCDで，対角線の交点Oを通
る直線と2辺AD，BCとの交点を
それぞれE，Fとしたとき，OE＝OF
となることを証明しなさい。

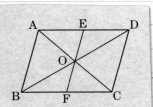

ポイント

> 平行四辺形の対角線が
> それぞれの中点で交わ
> ることを利用する。

〔証明〕　　　　　△OEAと△OFCで，平行四辺形の対角

線はそれぞれの中点で交わるから，

　　OA＝ ＿＿＿＿　……①

対頂角だから，

　　∠AOE＝ ＿＿＿＿　……②

AD∥BCより，錯角は等しいから，

　　∠EAO＝ ＿＿＿＿　……③

①，②，③から，　　　　　　　　　　が

それぞれ等しいので，

　　△OEA≡△OFC

合同な図形では，対応する辺は等しいので，

　　OE＝OF

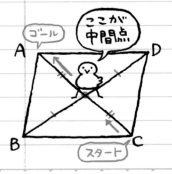

ここが
中間点

ゴール

スタート

75

30 平行四辺形になるための条件

(1)平行四辺形になるための条件

平行四辺形になるための条件

四角形は、次のどれかが成り立てば、平行四辺形である。(定理)

(1)　2組の対辺がそれぞれ
　　　　　　　である。…定義

(2)　2組の対辺がそれぞれ
　　　　　　　。

(3)　2組の対角がそれぞれ
　　　　　　　。

(4)　対角線がそれぞれの
　　　　　　　で交わる。

(5)　1組の対辺が　　　　で、
　　　その　　　　　　が等しい。

> (2), (3), (4)は平行四辺形の性質の逆。

> この2つは
> 逆の関係
> だね。
> 逆
> 性質 ⇄ 条件

条件(5)の〔証明〕　　左の四角形ABCDに、対角線ACをひく。

△ABCと△CDAで、

仮定より、BC＝　　　　　……①

また、AD∥BCで、錯角は等しいから、

　　∠ACB＝　　　　　　　……②

ACは共通だから、CA＝AC　……③

①、②、③から、　　　　　　　が

それぞれ等しいので、△ABC≡△CDA

(AD∥BC)
(AD＝BC)

合同な図形では、対応する角は

等しいので、∠BAC＝

錯角が等しいので、AB∥　　　　……④

仮定より、AD∥BC……⑤

④、⑤より、2組の対辺がそれぞれ平行だ

から、四角形ABCDは平行四辺形である。

> 注意
>
> ここでは、条件(2)〜(4)が成立することを証明していないので、条件(5)が成立することの証明に、(2)〜(4)は使えない。使えるのは、(1)の定義だけ。
> (2)〜(4)が証明されていれば、使ってもよい。

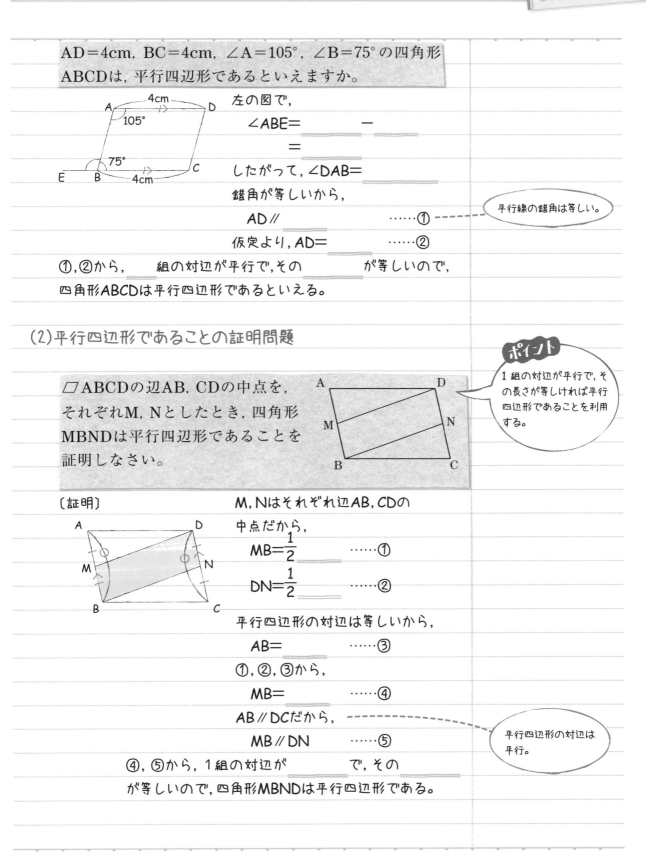

AD＝4cm，BC＝4cm，∠A＝105°，∠B＝75°の四角形
ABCDは，平行四辺形であるといえますか。

左の図で，

∠ABE＝　　　　　　 －

　　　　　＝

したがって，∠DAB＝

錯角が等しいから，

　　　AD∥　　　　　　……①

仮定より，AD＝　　　　　……②

平行線の錯角は等しい。

①，②から，　　組の対辺が平行で，その　　　　が等しいので，

四角形ABCDは平行四辺形であるといえる。

(2)平行四辺形であることの証明問題

ポイント

1組の対辺が平行で，その長さが等しければ平行四辺形であることを利用する。

□ABCDの辺AB，CDの中点を，
それぞれM，Nとしたとき，四角形
MBNDは平行四辺形であることを
証明しなさい。

〔証明〕　　　M，Nはそれぞれ辺AB，CDの

中点だから，

MB＝$\frac{1}{2}$　　　……①

DN＝$\frac{1}{2}$　　　……②

平行四辺形の対辺は等しいから，

AB＝　　　　　……③

①，②，③から，

MB＝　　　　　……④

AB∥DCだから，

MB∥DN　　　……⑤

平行四辺形の対辺は平行。

④，⑤から，1組の対辺が　　　　で，その

　　　が等しいので，四角形MBNDは平行四辺形である。

31 特別な平行四辺形

(1)特別な平行四辺形の定義

長方形の定義

…4つの　　　　がすべて等しい四角形。

> 4つの角がすべて直角の四角形ともいえる。

ひし形の定義

…4つの　　　　がすべて等しい四角形。

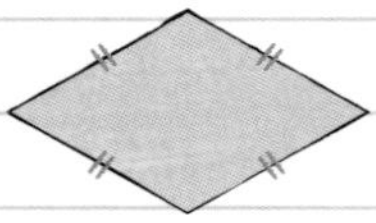

> 4つの角がすべて直角で、4つの辺がすべて等しい四角形ともいえる。

正方形の定義

…4つの辺がすべて等しく，4つの　　　が

すべて等しい四角形。

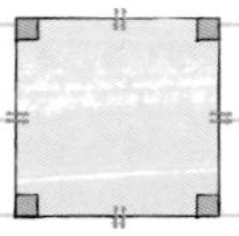

長方形，ひし形，正方形は，
平行四辺形の特別な場合
である。

→　　　　　　　　　　の性質を

すべてもっている。

(1)　2組の対辺はそれぞれ　　　　　。

(2)　2組の対角はそれぞれ　　　　　。

(3)　対角線は，それぞれの　　　　　で交わる。

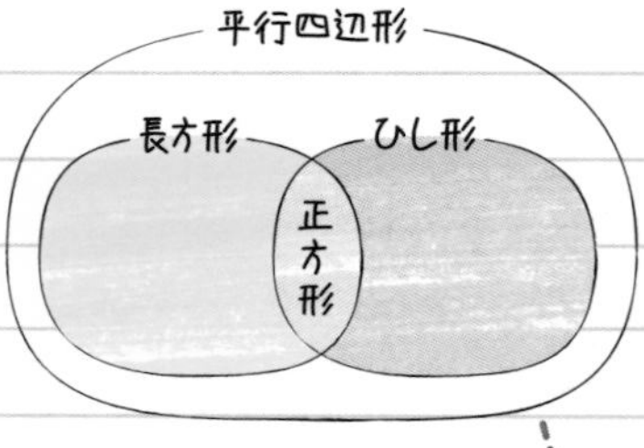

平行四辺形

長方形　　ひし形

正方形

> 私は両方の性質をもっているの。

> 長方形の対角は等しい。
> ひし形の対辺は等しい。
> ↓
> どちらも平行四辺形の性質。

(2)四角形の対角線の性質

長方形の対角線

…　　　　　が等しい。

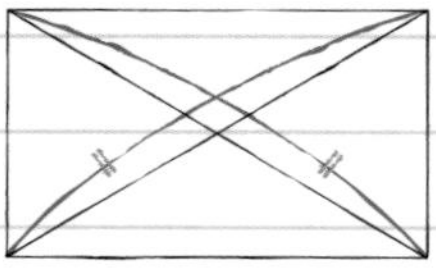

ひし形の対角線

…　　　　　に交わる。

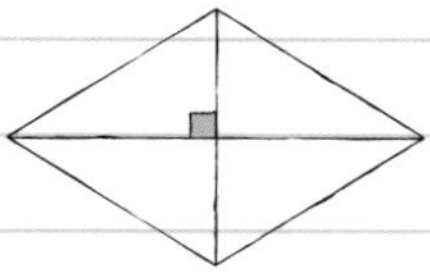

正方形の対角線

…　　　　　が等しく，

　　　　　に交わる。

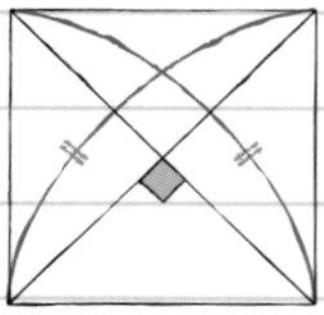

長方形の対角線の性質の〔証明〕

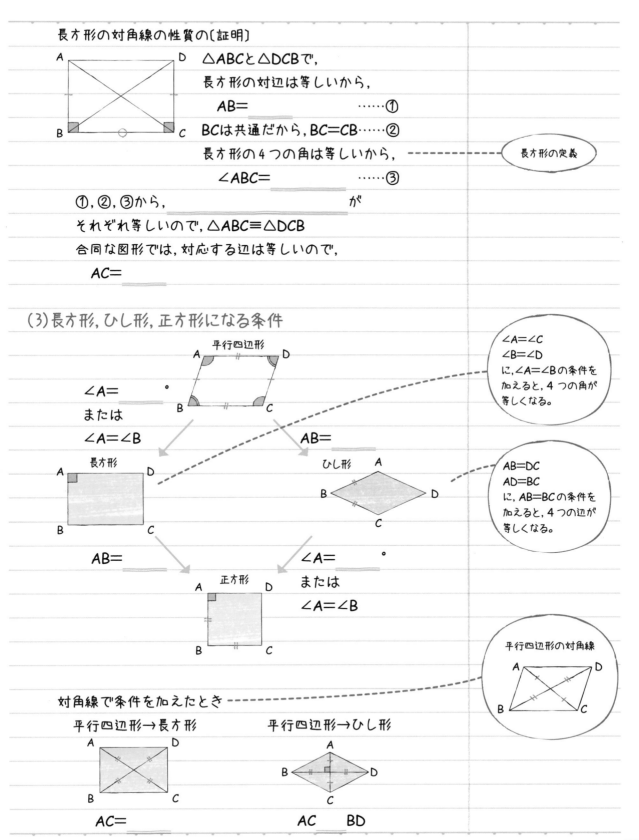

△ABCと△DCBで,

長方形の対辺は等しいから,

AB=＿＿＿＿＿＿＿　……①

BCは共通だから, BC=CB……②

長方形の4つの角は等しいから,　-------- 長方形の定義

∠ABC=＿＿＿＿＿　……③

①, ②, ③から, ＿＿＿＿＿＿＿＿＿＿＿が

それぞれ等しいので, △ABC≡△DCB

合同な図形では, 対応する辺は等しいので,

AC=＿＿＿＿

(3) 長方形, ひし形, 正方形になる条件

平行四辺形

∠A=＿＿＿。

または

∠A=∠B

∠A=∠C
∠B=∠D
に, ∠A=∠Bの条件を
加えると, 4つの角が
等しくなる。

AB=＿＿＿＿

長方形

ひし形

AB=DC
AD=BC
に, AB=BCの条件を
加えると, 4つの辺が
等しくなる。

AB=＿＿＿＿

∠A=＿＿＿。

または

∠A=∠B

正方形

平行四辺形の対角線

対角線で条件を加えたとき　-------

平行四辺形→長方形

平行四辺形→ひし形

AC=＿＿＿＿

AC　　　BD

32 平行線と面積

(1)平行線と面積

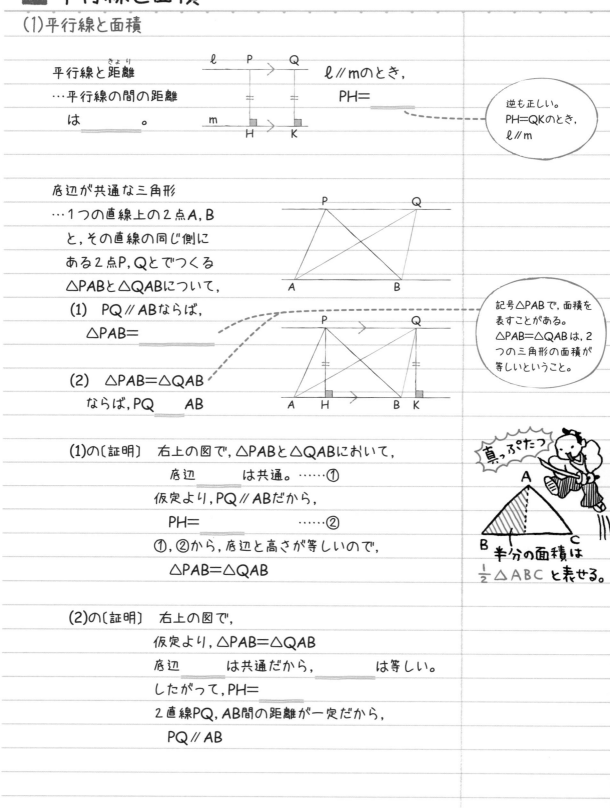

平行線と距離(きょり)
…平行線の間の距離
は＿＿＿＿。

ℓ
P
Q
m
H
K

ℓ//mのとき，
PH=＿＿＿＿

逆も正しい。
PH=QKのとき，
ℓ//m

底辺が共通な三角形
…1つの直線上の2点A，B
と，その直線の同じ側に
ある2点P，Qとでつくる
△PABと△QABについて，

P
Q
A
B

(1)　PQ//ABならば，
△PAB=＿＿＿＿

記号△PABで，面積を表すことがある。
△PAB=△QABは，2つの三角形の面積が等しいということ。

P
Q
A
H
B
K

(2)　△PAB=△QAB
ならば，PQ＿＿AB

(1)の〔証明〕　右上の図で，△PABと△QABにおいて，
底辺＿＿＿＿は共通。……①
仮定より，PQ//ABだから，
PH=＿＿＿＿　……②
①，②から，底辺と高さが等しいので，
△PAB=△QAB

真っぷたつ
A
B
C
半分の面積は
$\frac{1}{2}$△ABC と表せる。

(2)の〔証明〕　右上の図で，
仮定より，△PAB=△QAB
底辺＿＿＿＿は共通だから，＿＿＿＿は等しい。
したがって，PH=＿＿＿＿
2直線PQ，AB間の距離が一定だから，
PQ//AB

右の▱ABCDで，PQ // BDのとき，△PBDと面積の等しい三角形をすべて答えなさい。

ポイント

底辺が共通の三角形を見つけ，その辺と平行な直線を調べる。

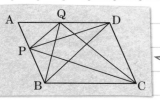

△PBDと△PBCは，

底辺＿＿＿＿が共通。

AB // ＿＿＿＿より，高さが等しい。

したがって，△PBD＝△PBC

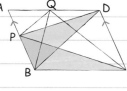

△PBDと△QBDは，

底辺＿＿＿＿が共通。

PQ // ＿＿＿＿より，高さが等しい。

したがって，△PBD＝△QBD

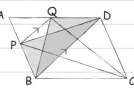

△QBDと△QCDは，

底辺＿＿＿＿が共通。

AD // ＿＿＿＿より，高さが等しい。

したがって，△QBD＝△QCD

答　△PBC，△QBD，△QCD

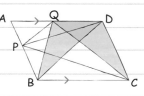

(2)面積を変えずに形を変える

平行線を利用して，底辺が共通で，高さが等しい三角形をつくる。

ある図形の面積を変えずに，形だけ変えることを，等積変形（とうせきへんけい）という。

下の四角形ABCDと面積の等しい△ABEをつくる。

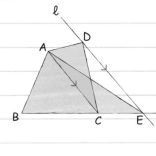

① 対角線＿＿＿＿をひく。

② ①と＿＿＿＿で，点Dを通る直線ℓをひく。

③ 辺＿＿＿＿を延長し，ℓとの交点をEとする。

④ AとEを結ぶ。

△ACD＝＿＿＿＿で，

＿＿＿＿は共通だから，

四角形ABCD＝△ABE

底辺ACが共通で，高さが等しい。

確認テスト⑤

●目標時間：３０分　●１００点満点　●答えは別冊23ページ

1 次の図で，同じ印をつけた辺や角が等しいとして，∠x の大きさを求めなさい。(5点×3)

(1)

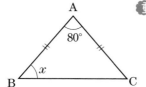

重要(2)

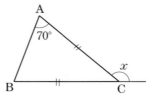

(3)

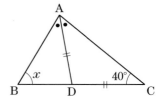

〔　　　　　　〕　〔　　　　　　　　〕　〔　　　　　　　　〕

2 右の □ABCD で，BC＝BE のとき，∠x，∠y の大きさを
求めなさい。　　　　　　　　　　　　　　　　(6点×2)

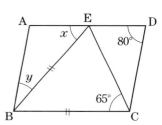

∠x＝〔　　　　　　〕
∠y＝〔　　　　　　〕

3 次の四角形 ABCD で，いつでも平行四辺形になるものをすべて選び，記号で答えなさい。
なお，四角形 ABCD の対角線の交点を O とします。　　　　　　　　　(7点)

　⑦　AD∥BC，AB＝DC　　　⑦　∠A＝∠C，∠B＝∠D
　⑨　AO＝CO，BO＝DO　　　⑦　AB＝BC，CD＝DA

〔　　　　　　　　〕

4 □ABCD に次の条件を加えると，それぞれどんな四角形になりますか。　(6点×3)

(1)　∠B＝90°

〔　　　　　　　　〕

(2)　AC⊥BD

〔　　　　　　　　〕

(3)　∠A＝∠B，AB＝BC

〔　　　　　　　　〕

5 右の図で，DE∥BC であるとき，次の三角形と面積の等しい三
角形を答えなさい。 (6点×2)

(1) △DBC

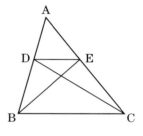

〔　　　　　　　　〕

[重要](2) △ABE

〔　　　　　　　　〕

6 AB＝AC の二等辺三角形 ABC で，頂角 ∠A の二等分線上に
1点 P をとり，点 B と P，点 C と P をそれぞれ結びます。
このとき，△PBC は二等辺三角形であることを証明しなさい。

(12点)

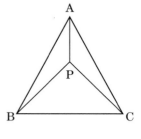

（証明）

7 AB＝AC の二等辺三角形 ABC の辺 BC の中点 M から，辺
AB，AC に垂線 MD，ME をひきます。
このとき，MD＝ME であることを証明しなさい。 (12点)

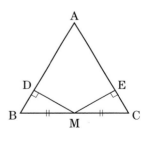

（証明）

8 □ABCD の ∠B の二等分線をひき，辺 AD との交点を E，辺
CD の延長との交点を F とします。
このとき，△DFE が二等辺三角形であることを証明しなさい。

(12点)

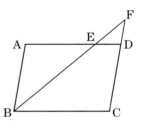

（証明）

33 確率の求め方

(1)場合の数と確率

1つのさいころを投げるとき, 正しく作られたさいころであれば,
1から6のどの目が出ることも同じ程度に期待できる。
どの場合が起こることも同じ程度であると考えられるとき,
_____ という。

> あることがらが起こる
> と期待される程度を数
> で表したものを, その
> ことがらの起こる確率
> という。

どの場合が起こることも同様(どうよう)に確(たし)からしいとき,
実験や観察によらずに確率を求めることができる。

確率の求め方

起こる場合が全部でn通りあり, そのどれが起こることも
同様に確からしいとする。
そのうち, ことがらAの起こる場合がa通りであるとき,

ことがらAの起こる確率 p＝

> **ポイント**
> 確率を求めるときは,
> ①すべての場合の数を
> 求める。
> ②ことがらAの起こる
> 場合の数を求める。
> ③確率を求める。

> 1つのさいころを投げるとき, 次の確率を求めなさい。
> (1) 4の目が出る確率
> (2) 偶数(ぐうすう)の目が出る確率

はじめに, 目の出方は全部で何通りあるかを求める。

→ の ___ 通り。 ⌢n通り

(1) 4の目が出る場合は ___ 通りだから, ⌢a通り

その確率は, $\dfrac{4の目が出る場合の数}{すべての場合の数}$ で, ⌢$\dfrac{a}{n}$

> **注意!**
> 確率が $\dfrac{1}{6}$ のとき, 「さい
> ころを6回投げれば, 必
> ず1回は4の目が出る」と
> いう意味ではない。

(2) 偶数の目が出る場合は,

⬚⬚⬚ の ___ 通りだから, ⌢b通り

その確率は, $\dfrac{偶数の目が出る場合の数}{すべての場合の数}$ で,

＝ $\dfrac{b}{n}$

⌢約分を忘れずに

袋の中に赤玉が5個，青玉が3個，黄玉が4個入っています。この中から玉を1個取り出すとき，次の確率を求めなさい。

(1)　赤玉が出る確率

(2)　赤玉または青玉が出る確率

はじめに，取り出し方は全部で何通りあるかを求める。

→ ___ ＋ ___ ＋ ___ ＝ ___ (通り)　n通り

　　└赤玉　└青玉　└黄玉
　　　の数　　の数　　の数

注意

赤玉，青玉，黄玉の3種類だから，全部で3通りであると考えてはいけない。

(1)　赤玉の出る場合の数は，___ 通り。　a通り

その確率は，___ $\dfrac{a}{n}$

(2)　赤玉または青玉が出る場合の数は，

___ ＋ ___ ＝ ___ (通り)　b通り

　　└赤玉　└青玉
　　　の数　　の数

その確率は，___ ＝ ___ $\dfrac{b}{n}$

「または」だから，赤玉と青玉のどちらが出てもよい。

(2)確率の範囲

必ず起こることがらの確率… ___

けっして起こらないことがらの確率… ___

確率の範囲

…あることがらの起こる確率をpとするとき，

pの値の範囲は，___ $\leqq p \leqq$ ___

私が数学のテストで100点をとる確率は1！…なんて言えたらいいな〜

1つのさいころを投げるとき，

● 6以下の目が出る場合の数は ___ 通りだから，

その確率は，$\dfrac{\ \ \ }{6}$＝ ___

● 7以上の目が出る場合の数は ___ 通りだから，

その確率は，$\dfrac{\ \ \ }{6}$＝ ___

確率が1をこえることはない。

34 いろいろな確率①

(1)場合の数の調べ方

場合の数の調べ方…もれや重なりがないように，
　　　　　　　　　や図を使って調べる。

2枚の硬貨を同時に投げるとき，
1枚が表で，1枚が裏となる確率
を求めなさい。

　　　　　　　　　　　　　　表　　裏

2枚の硬貨をA，Bとして，

◎起こり得るすべての場合の数
◎1枚が表で，1枚が裏の場合の数 ⎫を調べる。

ポイント
2枚の硬貨を区別する
ために，硬貨に名前を
つける。

🖊空らんをうめましょう。

①表を使う。

…右の表から，

A＼B	表	裏
表	(表，表)	(表，裏)
裏		

（表，裏）は，硬貨Aが表，
硬貨Bが裏になった場
合を表している。

◎表，裏の出方は全部で

　　　　　通り。

◎1枚は表，1枚は裏の出方は　　　通り。

したがって，1枚が表，1枚が裏となる確率は，

　　　　　　＝

注意!
すべての場合の数は，
表と表，表と裏，裏と裏
の3通りではない。
2枚の硬貨は区別され
ているので，
（表，裏）と（裏，表）
はちがう場合と考える。

②図を使う。

…表を㋐，裏を㋒として，樹形図に表す。

　　　A　　B

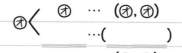

この図を，樹形図と
いうよ。
私みたいに枝分かれ
してるでしょ？

上の図から，

◎表，裏の出方は全部で　　　通り。

◎1枚は表，1枚は裏の出方は　　　通り。

表を使って調べたのと同じである。

(2)組み合わせの確率

組をつくるときの組み合わせの数を，図や表を
使って調べるときの注意
…組み合わせが同じものを重複して数えない。

A, B, C, Dの４人から，くじびきで２人の委員を選びます。Bが委員になる確率を求めなさい。

２人の委員の組の選び方を調べる。

２人の委員の組だと，(委員，委員)だから，(A, B)と(B, A)は同じ組み合わせ。

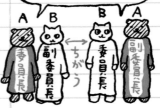

…(A, B), (A, C), (A, D)
~~(B, A)~~, (B, C), (B, D)
~~(C, A)~~, ~~(C, B)~~, (C, D)
~~(D, A)~~, ~~(D, B)~~, ~~(D, C)~~

(A, B)と(B, A)のように組み合わせが同じものは消す。

樹形図に表すと

A
C
D
B
C
C

↓

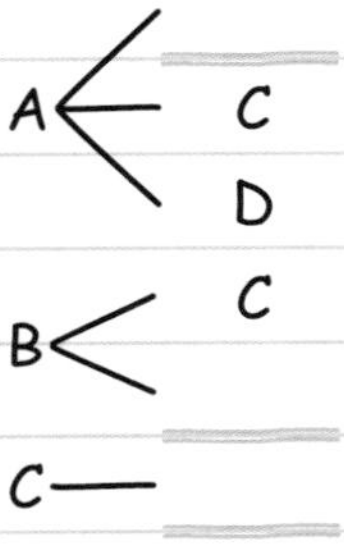

すべての場合の数は，＿＿通り。
Bが委員になる場合の数は，＿＿通り。 (A, B), (B, C), (B, D)
したがって，その確率は，

$$\frac{\quad}{\quad} = \frac{\quad}{\quad}$$

A
B
B
A
委員
委員
同じ
委員
委員
委員長と副委員長だったら….?
A
B
B
A
委員長
副委員長
ちがう
委員長
副委員長

(A, B)のように，２つ選んで組にする場合は，右のような表でも調べられる。

↓

すべての場合の数は，表の中の○の数→全部で＿＿通り。
Bが委員になる場合の数は，表の黄色のらんの○の数→＿＿通り。

	A	B	C	D
A		○	○	○
B			○	○
C				○
D				

斜線(しゃせん)より下のらんは，斜線より上のらんと同じ組み合わせなので，○を書かない。

35 いろいろな確率②

(1) 起こらない確率

> **起こらない確率**
>
> ことがらAの起こる確率をpとすると, 次のことがいえる。
>
> Aの起こらない確率＝　　　－p

> **ポイント**
> Aの起こる確率
> ＋Aの起こらない確率＝1

あたる確率が $\dfrac{1}{5}$ であるくじを1本ひいたときの

あたらない確率… 　　　－$\dfrac{1}{5}$＝

2つのさいころA, Bを同時に投げるとき, 出る目の数の和が4にならない確率を求めなさい。

◎A, Bの目の出方を表に表す。 ✎空らんをうめましょう。

> Aの目が1, Bの目が6の場合を, (1, 6) と表す。

A\B	1	2	3	4	5	6
1	(1, 1)	(1, 2)	(1, 3)	(1, 4)	(1, 5)	(1, 6)
2	(2, 1)	(2, 2)		(2, 4)		(2, 6)
3	(3, 1)		(3, 3)		(3, 5)	
4		(4, 2)		(4, 4)		
5	(5, 1)					
6						

> 表の縦に6通り, 横に6通りあるから, 全部で6×6 (通り)

◎上の表より, すべての場合の数は, 　　　通り。

◎ 　　出る目の数の和が4にならない確率

　＝ 　　－出る目の数の和が4になる確率

⬇

出る目の数の和が4になる場合の数は,

　(1, 3), (　　　　), (　　　　)の　　　通り。

その確率は, 　　　＝

したがって, 出る目の数の和が4にならない確率は,

　　　－　　　＝

> **ゴール**
> 4にならないコース
> 4になるコース
> こっちのほうが近道だね。

(2)「少なくとも」の場合の確率

問題文中に「少なくとも」と書かれていたとき

…◉「〇〇」、または、「□□」と考えて、

　　それぞれの場合の数を求める。

　　◉または、そのことがらが起こらない確率 p を求め、

　　　$-p$ の式を使う。

> **注意!**
> どんな場合があるかを考えるとき、もれがないように注意すること。

> 3枚の硬貨（こうか）を同時に投げるとき、次の確率を求めなさい。
> (1)　少なくとも2枚は表となる確率
> (2)　少なくとも1枚は表となる確率

3枚の硬貨をA, B, Cとし、

表を㋐, 裏を㋒として、

すべての場合を樹形図に表す。

　　↓

右の図より、すべての場合の数は、

　　　通り。

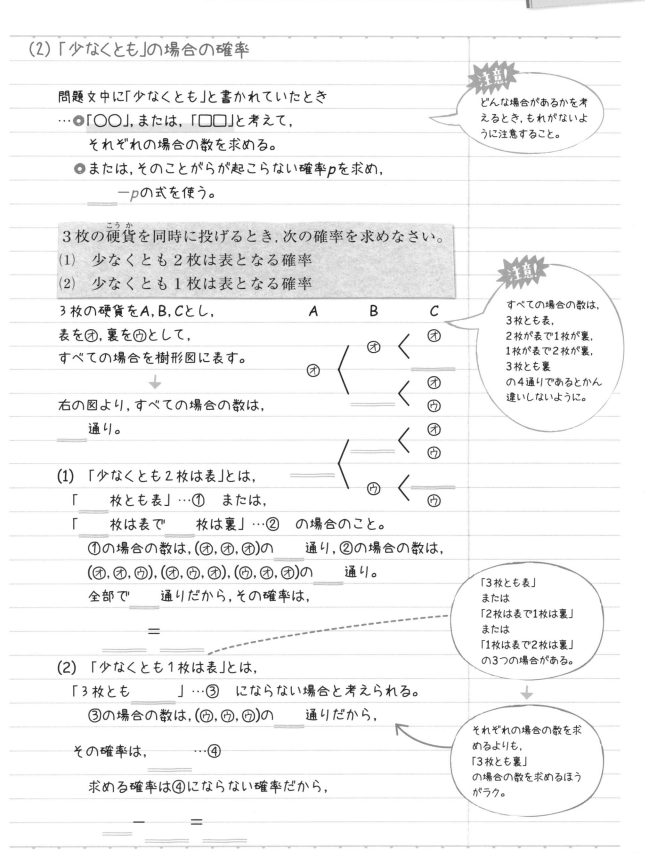

> **注意!**
> すべての場合の数は、
> 3枚とも表、
> 2枚が表で1枚が裏、
> 1枚が表で2枚が裏、
> 3枚とも裏
> の4通りであるとかん違いしないように。

(1)　「少なくとも2枚は表」とは、

　　「　　枚とも表」…①　または、

　　「　　枚は表で　　枚は裏」…②　の場合のこと。

　　　①の場合の数は、(㋐, ㋐, ㋐)の　　通り、②の場合の数は、

　　(㋐, ㋐, ㋒), (㋐, ㋒, ㋐), (㋒, ㋐, ㋐)の　　通り。

　　　全部で　　通りだから、その確率は、

　　　　　　　　＝

> 「3枚とも表」
> または
> 「2枚は表で1枚は裏」
> または
> 「1枚は表で2枚は裏」
> の3つの場合がある。

(2)　「少なくとも1枚は表」とは、

　　「3枚とも　　　　」…③　にならない場合と考えられる。

　　　③の場合の数は、(㋒, ㋒, ㋒)の　　通りだから、

　　その確率は、　　　…④

　　求める確率は④にならない確率だから、

　　　　－　　　＝

> それぞれの場合の数を求めるよりも、
> 「3枚とも裏」
> の場合の数を求めるほうがラク。

36 四分位数と箱ひげ図①

(1)四分位数

データを小さい順に並べて4等分したときの,

3つの区切りの値を ＿＿＿＿＿＿ といい,小さいほうから順に,

第1四分位数,第2四分位数,第3四分位数という。

> 第2四分位数は,データ全体の中央値。

・データの個数が 偶数個 の場合

A班10人の通学時間

前半部分　　　　後半部分

5　6　⑧　10　12　14　15　⑮　18　20 (分)

> ポイント
>
> データの個数が偶数個のとき,中央値は,中央の2個の値の平均値。

第2四分位数は,全体の中央値を求めて,$\dfrac{12+14}{2}=$ ＿＿＿ (分)

第1四分位数は,前半部分の中央値を求めて,＿＿＿ 分。

第3四分位数は,後半部分の中央値を求めて,＿＿＿ 分。

・データの個数が 奇数個 の場合

B班9人の通学時間

前半部分　　　　後半部分

4　5　8　10　⑫　13　16　19　25 (分)

> 注意!
>
> データの個数が偶数個か奇数個かで第2四分位数の求め方が異なる。

第2四分位数は,全体の中央値を求めて,＿＿＿ 分。

第1四分位数は,前半部分の中央値を求めて,$\dfrac{5+8}{2}=$ ＿＿＿ (分)

第3四分位数は,後半部分の中央値を求めて,$\dfrac{16+19}{2}=$ ＿＿＿ (分)

(2)四分位範囲

四分位範囲…第3四分位数と第1四分位数の差。

四分位範囲＝第＿＿四分位数－第＿＿四分位数

> 注意!
>
> 1年で学習した範囲との違いに注意。
> 範囲＝最大値－最小値

上のA班の四分位範囲は,＿＿＿－＿＿＿＝＿＿＿ (分)

上のB班の四分位範囲は,＿＿＿－＿＿＿＝＿＿＿ (分)

(3)箱ひげ図

箱ひげ図
…データの最小値, 第1四分位数, 第2四分位数(中央値),
　第3四分位数, 最大値を1つの図にまとめたもの。

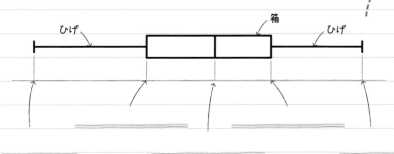

（中央値）

左ページのA班とB班の通学時間のデータを
それぞれ箱ひげ図に表すと, 次のようになる。

✐B班の箱ひげ図をかきましょう。

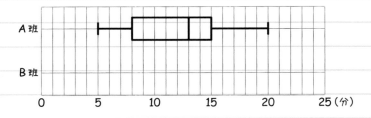

箱ひげ図では, ひげの左端から右端までの長さが　　　　を,
箱の左端から右端までの長さが　　　　　　　を表している。

四分位範囲の利点
データを小さい順に並べたとき, 四分位範囲には,
データの中央付近の約半数のデータがふくまれている。
そのため, データの中に極端に離れた値があるとき,
範囲はその影響を受けるが,
四分位範囲はほとんどその影響を受けない。

37 四分位数と箱ひげ図②

(1)ヒストグラムと箱ひげ図

ヒストグラムが1つの山の形になる分布では, ヒストグラムの形から箱ひげ図のおおよその形を予想することができる。

右の㋐や㋑の図のように,
ヒストグラムがほぼ左右対称な形の場合,
箱ひげ図もほぼ　　　　　　な形になる。

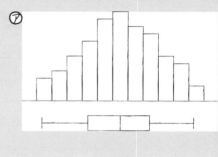

右の㋑の図のように,
ヒストグラムの散らばりが小さい場合,
箱ひげ図の左右は　　　　なる。

右の㋒の図のように,
ヒストグラムの山が左寄りの形になる場合,
箱ひげ図の箱も　　　寄りになる。

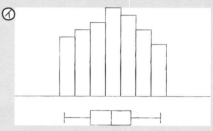

右の㋓の図のように,
ヒストグラムの山が右寄りの形になる場合,
箱ひげ図の箱も　　　寄りになる。

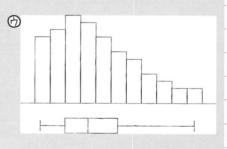

また, 下の㋔の図のように,
ヒストグラムが谷のような形になる場合,
第1四分位数は最小値に近く,
第3四分位数は最大値に近くなるので,
箱ひげ図の　　　　の左右は長くなる。

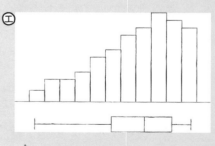

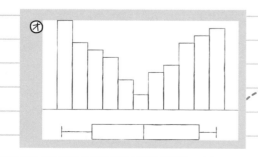

箱ひげ図を利用すると,
中央値付近の約半数のデータが,
どのあたりに分布しているのかが
わかりやすくなる。

(2)データの比較

箱ひげ図は，複数のデータを比較するとき便利である。

下の図は，あるクラスの生徒32人の5教科のテストの結果を箱ひげ図に表したものです。次の(1)～(5)にあてはまる教科をそれぞれ答えなさい。

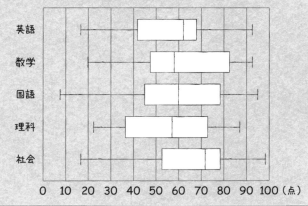

(1)　範囲がいちばん大きい。

→　　　　　の左端から右端までが最も長い教科だから，　　　　。

注意！
範囲と
四分位範囲の
違いに注意！

(2)　20点以下の生徒がいない。

→　　　　　が20点より高い教科だから，　　　　。

注意！
以下と未満の
違いに注意！

(3)　70点以上の生徒が半数以上いる。

→　第　　　四分位数が70点以上の教科だから，　　　　。

(4)　80点以上の生徒が8人以上いる。

→　8人は32人の　　　％だから，

　第　　　四分位数が80点以上の教科で，　　　　。

8人の割合は，
8÷32＝0.25

(5)　60点以上70点未満の生徒が8人以上いる。

→　8人は32人の　　　％だから，

　四分位数で区切られた4つの区間のうち，

　1区間が60点と70点の間にある教科で，　　　　。

確認テスト⑥

●目標時間：３０分　●１００点満点　●答えは別冊 23 ページ

1 1 から 15 までの整数が 1 つずつ書かれた 15 枚のカードがあります。このカードをよく
きって 1 枚をひくとき，次の確率を求めなさい。　　　　　　　　　　　　　　　　　　(6 点× 3)

(1) 6 のカードが出る確率

〔　　　　　　　〕

(2) 奇数のカードが出る確率

〔　　　　　　　〕

(3) 2 けたの数のカードが出る確率

〔　　　　　　　〕

2 A，B の 2 つのさいころを同時に投げるとき，次の確率を求めなさい。　　　　　　(6 点× 3)

重要 (1) 出る目の数の和が 10 になる確率

〔　　　　　　　〕

(2) 出る目の数の和が 1 になる確率

〔　　　　　　　〕

(3) 出る目の数の差が 2 になる確率

〔　　　　　　　〕

3 5 枚のカード 1，2，3，4，5 をよくきって，続けて 2 枚取り出します。取り出し
た順に左から並べて 2 けたの整数をつくるとき，次の確率を求めなさい。　　　　　(6 点× 2)

重要 (1) できた 2 けたの整数が偶数になる確率

〔　　　　　　　〕

(2) できた 2 けたの整数が 6 の倍数になる確率

〔　　　　　　　〕

4 赤玉と青玉が3個ずつ入っている袋の中から，玉を同時に2個取り出すとき，次の確率を求めなさい。 (6点×2)

(1) 取り出した玉が同じ色である確率

〔   〕

重要 (2) 取り出した玉が少なくとも1個は赤玉である確率

〔   〕

5 5本のうち，2本のあたりくじが入っているくじがあります。このくじを，A，Bの2人がこの順に1本ずつひくとき，どちらのほうがあたる確率が大きいですか。ただし，ひいたくじはもとにもどさないものとします。 (7点)

〔   〕

6 次のデータは，1組の男子14人のハンドボール投げの記録を調べたものです。

| 8 | 11 | 16 | 18 | 20 | 20 | 21 | 23 | 24 | 25 | 25 | 25 | 28 | 32 | (m) |

次の問いに答えなさい。 (7点×3)

(1) 第2四分位数を求めなさい。

〔   〕

(2) 四分位範囲を求めなさい。

〔   〕

重要 (3) このデータを箱ひげ図に表しなさい。

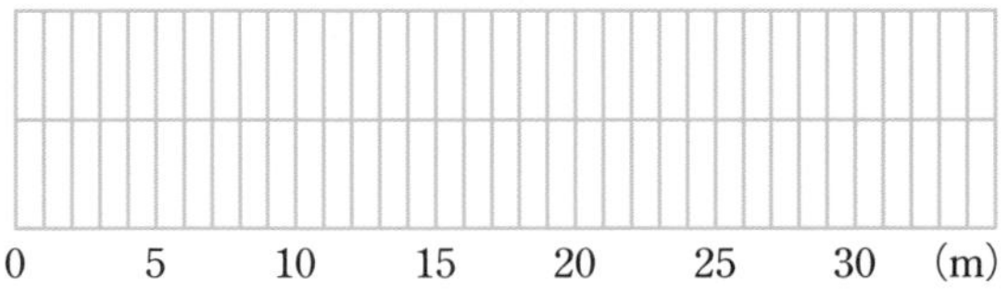

7 下のヒストグラムは，それぞれ右の⑦～⊆の箱ひげ図のいずれかに対応しています。その箱ひげ図を記号で答えなさい。 (6点×2)

(1)

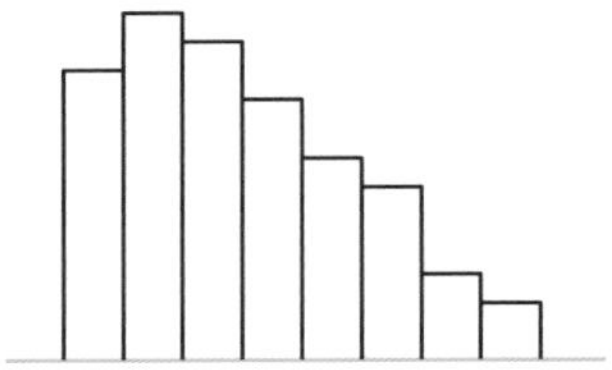

〔   〕

(2)

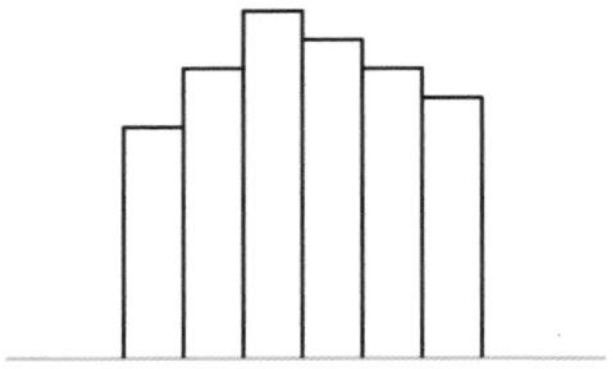

〔   〕

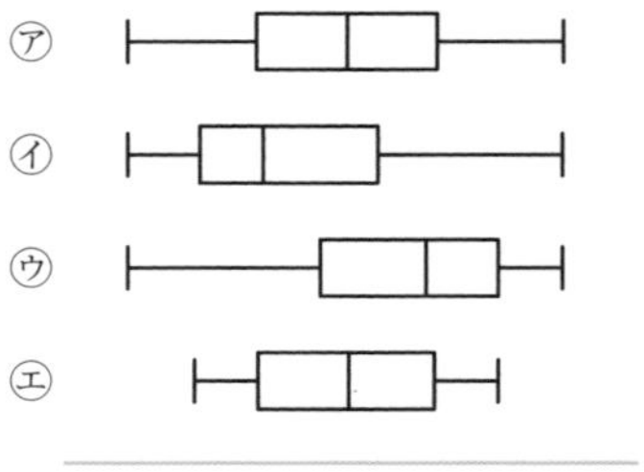

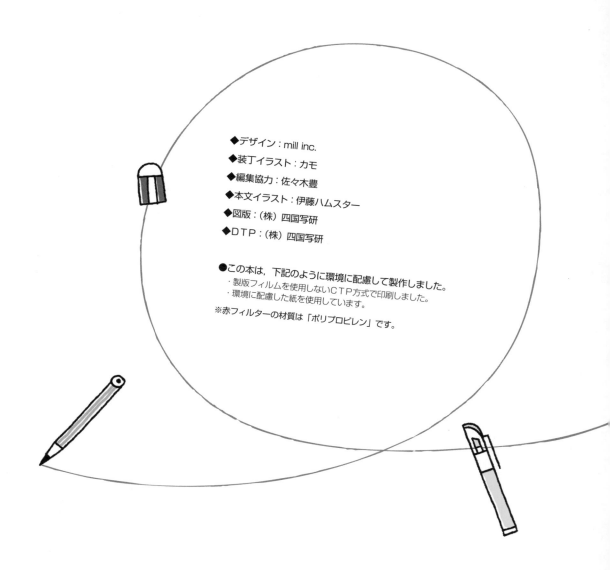

◆デザイン：mill inc.

◆装丁イラスト：カモ

◆編集協力：佐々木豊

◆本文イラスト：伊藤ハムスター

◆図版：(株) 四国写研

◆DTP：(株) 四国写研

●この本は，下記のように環境に配慮して製作しました。
　・製版フィルムを使用しないCTP方式で印刷しました。
　・環境に配慮した紙を使用しています。
※赤フィルターの材質は「ポリプロピレン」です。

テスト前に
まとめるノート改訂版
中2数学

別冊解答

テスト前に まとめるノート 中2数学

使い方 **1**

本冊のノートの
答え合わせに

使い方 **2**

ノートページの答え
▶ **2〜20** ページ

確認テスト **❶〜❻** の答え
▶ **21〜23** ページ

付属の赤フィルターで
消して, おさらいもできる!

Gakken

(1)単項式と多項式

単項式…数や文字の乗法だけでつくられた式。 → 5x, 2a² のような式

多項式… <u>単項式</u> の和の形で表された式。 → x+3y, 8a+1 のような式

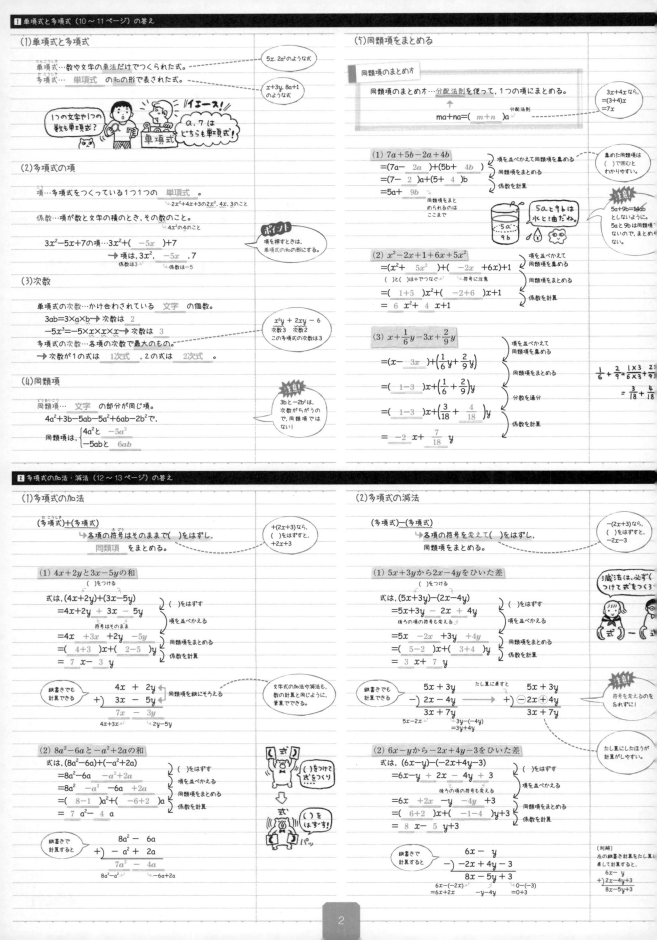

1つの文字や1つの数も単項式？ イエース！ a, 7 はどちらも単項式！ 単項式

(2)多項式の項

項…多項式をつくっている1つ1つの <u>単項式</u> 。
2x²+4x+3の2x², 4x, 3のこと

係数…項が数と文字の積のとき、その数のこと。
4x²の4のこと

3x²−5x+7の項…3x²+(<u>−5x</u>)+7
→ 項は、3x²、 <u>−5x</u> 、7
係数は3 係数は−5

ポイント 項を探すときは、単項式の和の形にする。

(3)次数

単項式の次数…かけ合わされている <u>文字</u> の個数。
3ab=3×a×b → 次数は <u>2</u>
−5x³=−5×x×x×x → 次数は <u>3</u>

x²y + 2xy − 6
次数3 次数2
この多項式の次数は3

多項式の次数…各項の次数で最大のもの。
→ 次数が1の式は <u>1次式</u> ，2の式は <u>2次式</u> 。

(4)同類項

同類項… <u>文字</u> の部分が同じ項。
4a²+3b−5ab−5a²+6ab−2b²で、

同類項は、$\begin{cases} 4a^2 と & \underline{-5a^2} \\ -5ab と & \underline{6ab} \end{cases}$

注意 3bと−2b²は、次数がちがうので、同類項ではない！

(う)同類項をまとめる

同類項のまとめ方
同類項のまとめ方…<u>分配法則</u>を使って、1つの項にまとめる。
ma+na=(<u>m+n</u>)a
分配法則

3x+4xなら、
=(3+4)x
=7x

(1) 7a+5b−2a+4b
=(7a− <u>2a</u>)+(5b+ <u>4b</u>) → 項を並べかえて同類項を集める
=(7− <u>2</u>)a+(5+ <u>4</u>)b → 同類項をまとめる
=5a+ <u>9b</u> → 係数を計算
集めた同類項を( )で囲むとわかりやすい。

同類項をまとめられるのはここまで

注意 5a+9b=14abとしないように。5aと9bは同類項ないので、まとめない。

5aと9bは水と油だね。

(2) x²−2x+1+6x+5x²
=(x²+ <u>5x²</u>)+(<u>−2x</u> +6x)+1 → 項を並べかえて同類項を集める
( )と( )は+でつなぐ 符号に注意
=(<u>1+5</u>)x²+(<u>−2+6</u>)x+1 → 同類項をまとめる
= <u>6</u> x²+ <u>4</u> x+1 → 係数を計算

(3) x+$\frac{1}{6}$y−3x+$\frac{2}{9}$y
=(x− <u>3x</u>)+($\frac{1}{6}$y+$\frac{2}{9}$y) → 項を並べかえて同類項を集める
=(<u>1−3</u>)x+($\frac{1}{6}$+$\frac{2}{9}$)y → 同類項をまとめる
=(<u>1−3</u>)x+($\frac{3}{18}$+$\frac{4}{18}$)y → 分数を通分
= <u>−2</u> x+$\frac{7}{18}$y → 係数を計算

$\frac{1}{6}$+$\frac{2}{9}$=$\frac{1×3}{6×3}$+$\frac{2×2}{9×2}$
=$\frac{3}{18}$+$\frac{4}{18}$

(1)多項式の加法

(多項式)+(多項式)
→各項の符号はそのままで( )をはずし、<u>同類項</u>をまとめる。

+(2x+3)なら、( )をはずすと、+2x+3

(1) 4x+2yと3x−5yの和
( )をつける
式は、(4x+2y)+(3x−5y) → ( )をはずす
=4x+2y + 3x − 5y → 項を並べかえる
符号はそのまま
=4x +3x +2y −5y → 同類項をまとめる
=(<u>4+3</u>)x+(<u>2−5</u>)y → 係数を計算
= <u>7</u> x− <u>3</u> y

縦書きでも計算できる
$\begin{array}{r} 4x + 2y \\ +)\ 3x - 5y \\ \hline 7x - 3y \end{array}$
同類項を縦にそろえる
4x+3x 2y−5y

文字式の加法や減法も、数の計算と同じように、筆算でできる。

(2) 8a²−6aと−a²+2aの和
式は、(8a²−6a)+(−a²+2a) → ( )をはずす
=8a²−6a −a²+2a → 項を並べかえる
=8a² −a² −6a +2a → 同類項をまとめる
=(<u>8−1</u>)a²+(<u>−6+2</u>)a → 係数を計算
= <u>7</u> a²− <u>4</u> a

縦書きで計算すると
$\begin{array}{r} 8a^2 - 6a \\ +)\ -a^2 + 2a \\ \hline 7a^2 - 4a \end{array}$
8a²−a² −6a+2a

(2)多項式の減法

(多項式)−(多項式)
→各項の符号を変えて( )をはずし、<u>同類項</u>をまとめる。

−(2x+3)なら、( )をはずすと、−2x−3

(1) 5x+3yから2x−4yをひいた差
( )をつける
式は、(5x+3y)−(2x−4y) → ( )をはずす
=5x+3y − 2x + 4y → 項を並べかえる
後ろの項の符号も変える
=5x −2x +3y +4y → 同類項をまとめる
=(<u>5−2</u>)x+(<u>3+4</u>)y → 係数を計算
= <u>3</u> x+ <u>7</u> y

減法は、必ず( )をつけて式をつくる

縦書きでも計算できる
$\begin{array}{r} 5x + 3y \\ -)\ 2x - 4y \\ \hline 3x + 7y \end{array}$
たし算に直すと
$\begin{array}{r} 5x + 3y \\ +)\ -2x+4y \\ \hline 3x + 7y \end{array}$
5x−2x 3y−(−4y)=3y+4y

注意 符号を変えるのを忘れずに！

たし算にしたほうが計算がしやすい。

(2) 6x−yから−2x+4y−3をひいた差
式は、(6x−y)−(−2x+4y−3) → ( )をはずす
=6x−y + 2x − 4y + 3 → 項を並べかえる
後ろの項の符号も変える
=6x +2x −y −4y +3 → 同類項をまとめる
=(<u>6+2</u>)x+(<u>−1−4</u>)y+3 → 係数を計算
= <u>8</u> x− <u>5</u> y+3

縦書きで計算すると
$\begin{array}{r} 6x - y \\ -)\ -2x + 4y - 3 \\ \hline 8x - 5y + 3 \end{array}$
6x−(−2x) =6x+2x −y−4y 0−(−3)=0+3

〔別解〕
左の縦書き計算をたし算に直して計算すると、
$\begin{array}{r} 6x - y \\ +)\ 2x-4y+3 \\ \hline 8x-5y+3 \end{array}$

(1)数×多項式の計算

数×多項式

計算のしかた…分配法則を使って，( )をはずす。

Ⓐ $a(b+c)=$ ___ab___ $+$ ___ac___

Ⓑ $a(b-c)=$ ___ab___ $-$ ___ac___ 分配法則のアレンジ

> ( )の中がひき算のときは，こちらを使ってもよい。

(1) $4(a+2b)$

$=4\times$ ___a___ $+4\times$ ___$2b$___ 分配法則Ⓐ

$=$ ___$4a+8b$___

> 注意！ 後ろの項へもかけるのを忘れないこと。

(2) $3(6x-4y)$

$=3\times$ ___$6x$___ $-3\times$ ___$4y$___ 分配法則Ⓑ

$=$ ___$18x-12y$___

(3) $-7(3x+y-6)$ 負の数には( )をつける

$=-7\times$ ___$3x$___ $+(-7)\times$ ___y___ $+(-7)\times$ ___(-6)___

$=$ ___$-21x-7y+42$___

(4) $(-15a+10b)\times\dfrac{1}{5}$

$=-15a\times$ ___$\dfrac{1}{5}$___ $+10b\times$ ___$\dfrac{1}{5}$___ 分配法則

$=$ ___$-3a+2b$___

> 私にもかけてネ！

(2)多項式÷数の計算

計算のしかた①…分数の形にして計算する。

$$(a+b)\div m= \frac{a}{m} + \frac{b}{m}$$

> $(a+b)\div m$ $=\dfrac{a+b}{m}$

(1) $(8a+6b)\div2$

$=\dfrac{8a}{2} + \dfrac{6b}{2}$ 分数の形に

$=$ ___$4a+3b$___ 約分

(2) $(9x^2-12y)\div(-3)$

$=\dfrac{9x^2}{-3} - \dfrac{12y}{-3}$ 分数の形に

$=$ ___$-3x^2+4y$___ 約分

> 注意！ わる数が負の数のときは，符号に注意。
> ⊕÷⊖＝⊖
> ⊖÷⊖＝⊕

計算のしかた②…逆数を使って，かけ算の式にする。

> こうすれば，多項式×数の計算になる。

(3) $(-5a+20b)\div(-5)$

$=(-5a+20b)\times\left(-\dfrac{1}{5}\right)$ 逆数をかける

$=-5a\times\left(-\dfrac{1}{5}\right)+20b\times\left(-\dfrac{1}{5}\right)$ 分配法則

$=$ ___$a-4b$___

(4) $(4x-6y)\div\dfrac{2}{3}$

> 逆数をかける方法は，わる数が分数のときに有効！

$=(4x-6y)\times$ ___$\dfrac{3}{2}$___ 逆数をかける

$=4x\times$ ___$\dfrac{3}{2}$___ $-6y\times$ ___$\dfrac{3}{2}$___ 分配法則

$=$ ___$6x-9y$___

---

(1)数×多項式の加減

分配法則を使って，( )をはずす。
↓
同類項をまとめる。

(1) $2(x+2y)+3(2x-y)$

$=$ ___2___ $x+$ ___4___ $y+$ ___6___ $x-$ ___3___ y 分配法則

$=$ ___2___ $x+$ ___6___ $x+$ ___4___ $y-$ ___3___ y 項を並べかえる

$=$ ___$8x+y$___ 同類項をまとめる

(2) $3(3a+b)-4(a-2b+3)$

$=$ ___9___ $a+$ ___3___ b ___$-4a+8b-12$___ 分配法則

$=$ ___9___ $a-$ ___4___ $a+$ ___3___ $b+$ ___8___ $b-12$ 項を並べかえる

$=$ ___$5a+11b-12$___ 同類項をまとめる

> $-4(a-2b+3)$

> 注意！ ( )をはずすとき，後ろの項の符号を変えるのを忘れないように。
> $-4(a-2b+3)$
> $-4a \cancel{-} 8b+12$
> 符号の変え忘れ

(3) $\dfrac{1}{6}(5x-y)-\dfrac{1}{3}(x-4y)$

$=\dfrac{5}{6}x-\dfrac{1}{6}y-$ ___$\dfrac{1}{3}$___ $x+$ ___$\dfrac{4}{3}$___ y 分配法則

$=\dfrac{5}{6}x-$ ___$\dfrac{1}{3}$___ $x-\dfrac{1}{6}y+$ ___$\dfrac{4}{3}$___ y 項を並べかえる

$=\dfrac{5}{6}x-$ ___$\dfrac{2}{6}$___ $x-\dfrac{1}{6}y+$ ___$\dfrac{8}{6}$___ y 通分

$=$ ___$\dfrac{1}{2}x+\dfrac{7}{6}y$___ 同類項をまとめる

約分を忘れずに

> 忘れてないかな？？ 約分できるところがあったら，必ず約分しておくこと。
> $\dfrac{3}{6}$ $\dfrac{4}{12}$

(2)分数の形の式の計算

通分して，分子の同類項をまとめる。

$$\dfrac{3x-2y}{4} - \dfrac{2x+5y}{6}$$

$=\dfrac{3(3x-2y)}{12} - \dfrac{2(2x+5y)}{12}$ 通分

$=\dfrac{3(3x-2y)-2(2x+5y)}{12}$ 1つの分数に

$=\dfrac{9x-6y - 4x-10y}{12}$ ( )をはずす

$=$ ___$\dfrac{5x-16y}{12}$___ 同類項をまとめる

> 注意！ 通分するときは，必ず分子に( )をつけること。

> 〔別解〕
> (分数)×(多項式)の形に直して計算すると，
> $\dfrac{3x-2y}{4} - \dfrac{2x+5y}{6}$
> $=\dfrac{1}{4}(3x-2y)-\dfrac{1}{6}(2x+5y)$
> $=\dfrac{3}{4}x-\dfrac{2}{4}y-\dfrac{1}{6}x-\dfrac{5}{6}y$
> $=\dfrac{9}{12}x-\dfrac{6}{12}y-\dfrac{3}{12}x-\dfrac{5}{12}y$
> $=\dfrac{5}{12}x-\dfrac{4}{3}y$

(3)式の値

式の値の求め方…式を簡単にしてから，数を代入する。

$x=4$，$y=-\dfrac{1}{3}$のとき，
$2(x-3y)-3(2x-5y)$ の値

$2(x-3y)-3(2x-5y)$ 分配法則

$=$ ___2___ $x-$ ___6___ y ___$-6x+15y$___ 項を並べかえる

$=$ ___-4___ $x+$ ___9___ y ……① 同類項をまとめる

> 注意！ 問題の式に直接数を代入するのはダメ。計算が複雑になって，ミスのもと。

①の式に，$x=4$，$y=-\dfrac{1}{3}$を代入。

$\rightarrow$ ___-4___ $\times4+$ ___9___ $\times\left(-\dfrac{1}{3}\right)$

$=$ ___-16___ $-$ ___3___

$=$ ___-19___

> 計算はシンプルに。シンプル・イズ・ベスト！

(1)単項式の乗法

単項式どうしの乗法… <u>係数</u> の積に，文字の積をかける。

(1) $2yz \times (-7x)$

$= 2 \times (\underline{-7}) \times yz \times \underline{x}$

（係数の積・文字の積）

$= \underline{-14} \times \underline{xyz}$

（係数の積・文字の積はアルファベット順に）

$= \underline{-14xyz}$

> 文字式は，
> ①数を文字の前に
> ②文字はアルファベット順に書くこと。

> ぼく1番！ 3×4

(2) $6a \times 5ab$

$= 6 \times \underline{5} \times a \times \underline{ab}$

（係数の積・文字の積）

$= \underline{30} \times \underline{a^2b}$

（係数の積・同じ文字の積は累乗の指数です）

$= \underline{30a^2b}$

> 同じ文字の積は累乗の指数である。
> $a \times a = a^2$
> $a \times a \times a = a^3$

指数をふくむ式の乗法…文字式×文字式の形にして計算する。

(3) $(-4a)^2$

$= (\underline{-4a}) \times (\underline{-4a})$

$= (\underline{-4}) \times (\underline{-4}) \times a \times a$

（係数の積・文字の積）

$= \underline{16a^2}$

> 注意！
> $-4a^2$ と $(-4a)^2$ を混同しないこと。
> $-4a^2 = -4 \times a \times a$
> $(-4a)^2 = (-4a) \times (-4a)$

> うっかりミス！
> **(4)** $3x \times (2x)^2$
> $= 3x \times 2x^2$ ← $(2x)^2 = (2x) \times (2x)$ だから，$2x^2$ ではない！
> $= 3 \times 2 \times x \times x^2$
> $= 6x^3$ ✗

> 解きなおし
> 左の計算を正しく解きましょう。
> $3x \times (2x)^2$
> $= 3x \times (2x) \times (2x)$
> $= 3 \times 2 \times 2 \times x \times x \times x$
> $= \underline{12x^3}$

(2)単項式の除法

（わられる式が分子，わる式が分母）

単項式どうしの除法…<u>分数</u>の形にする。
↓
数どうし，文字どうしで <u>約分</u> する。

(1) $8xy \div 2y$

$= \dfrac{8xy}{2y}$ ←分数の形に→

$= \dfrac{\cancel{8} \times x \times \cancel{y}}{\cancel{2} \times \cancel{y}}$ ←約分→

$= \underline{4x}$

(2) $3a^2b \div (-9a)$

$= \dfrac{3a^2b}{-9a}$

$= \dfrac{\cancel{3} \times \cancel{a} \times a \times b}{\cancel{9} \times \cancel{a}}$

$= \underline{\dfrac{ab}{3}}$

> 分数の形にしたら，その分数の符号をまず決めること。
> $(-) \div (-) \to (+)$
> $(+) \div (-) \to (-)$
> $(-) \div (+) \to (-)$

係数が分数のときの除法… <u>逆数</u> をかける形に直す。
↓
分数の形にして計算する。

(3) $-\dfrac{2}{3}xy \div \dfrac{4}{9}xy^2$

$= -\dfrac{2xy}{3} \div \dfrac{4xy^2}{9}$ 〔単項式 / 数 の形の分数に〕

$= -\left(\dfrac{2xy}{3} \times \dfrac{9}{4xy^2}\right)$ 〔逆数をかける形に〕

$= -\dfrac{2xy \times 9}{3 \times 4xy^2}$ 〔分数の形に〕

$= -\dfrac{\cancel{2} \times \cancel{x} \times \cancel{y} \times \cancel{9}}{\cancel{3} \times \cancel{4} \times \cancel{x} \times y \times \cancel{y}}$ 〔約分〕

$= -\underline{\dfrac{3}{2y}}$

> ポイント
> こうしておくと，逆数に直すときの次のようなミスを防げる。
> $\dfrac{4}{9}xy^2$ の逆数は $\dfrac{9}{4xy^2}$

(1)乗除の混じった計算

単項式の乗除が混じった計算
…かける式を <u>分子</u> ，わる式を <u>分母</u> とする
分数の形にして計算する。

(1) $5xy^2 \times (-12x) \div (-4x^2y)$

$= \dfrac{5xy^2 \times 12x}{4x^2y}$ ←かける式が分子／←わる式が分母〔分数の形に〕

$= \dfrac{5 \times \cancel{x} \times y \times \cancel{y} \times 12 \times \cancel{x}}{\cancel{4} \times \cancel{x} \times \cancel{x} \times \cancel{y}}$ 〔約分〕

$= \underline{15y}$

> (−) が偶数個だから，分数の形にしたときの符号は (+) で，省略。

(2) $16a^2b \div (-4a) \div 2b$

$= -\dfrac{16a^2b}{4a \times 2b}$ 〔分数の形に〕

$= -\dfrac{\cancel{16} \times \cancel{a} \times a \times \cancel{b}}{\cancel{4} \times \cancel{a} \times \cancel{2} \times \cancel{b}}$ 〔約分〕

$= \underline{-2a}$

> (−) が奇数個だから，分数の形にしたときの符号は (−)。

> ポイント
> 次のように考えて分数の形にする。
> $A \div B \div C = \dfrac{A}{B} \div C = \dfrac{A}{B \times C}$

> うっかりミス！
> **(3)** $6ab^2 \div 2a \times 3b$
> $= 6ab^2 \div 6ab$ ← $2a \times 3b$ を先に計算して，その積で $6ab^2$ をわっている
> $= \dfrac{6ab^2}{6ab}$
> $= \dfrac{\cancel{6} \times \cancel{a} \times b \times \cancel{b}}{\cancel{6} \times \cancel{a} \times \cancel{b}}$
> $= b$ ✗

> 解きなおし
> 左の計算を正しく解きましょう。
> $6ab^2 \div 2a \times 3b$
> $= \dfrac{6ab^2 \times 3b}{2a}$
> $= \dfrac{\cancel{6} \times \cancel{a} \times b \times b \times 3 \times b}{\cancel{2} \times \cancel{a}}$
> $= \underline{9b^3}$

(2)式の値

式の値の求め方…式を簡単にしてから，数を代入する。

> p.17 の式の値の求め方と考え方は同じ。

(1) $a=4$，$b=-2$ のとき，$9ab^2 \div 3b$ の値

$9ab^2 \div 3b$

$= \dfrac{9ab^2}{3b}$ 〔分数の形に〕

$= \dfrac{\cancel{9} \times a \times \cancel{b} \times b}{\cancel{3} \times \cancel{b}}$ 〔約分〕

$= \underline{3ab}$ ……①

①の式に，$a=4$，$b=-2$ を代入。

$\to \underline{3} \times \underline{4} \times (\underline{-2})$ 〔負の数を代入するときは（）をつける〕

$= \underline{-24}$

> 数を代入するときのミスを防ぐキーアイテムがこれ！
> （）呼んだ？

(2) $x=-3$，$y=\dfrac{2}{3}$ のとき，$8x^2y \div (-2xy) \times y^2$ の値

$8x^2y \div (-2xy) \times y^2$

$= -\dfrac{8x^2y \times y^2}{2xy}$ 〔分数の形に〕

$= -\dfrac{\cancel{8} \times x \times \cancel{x} \times \cancel{y} \times y \times y}{\cancel{2} \times \cancel{x} \times \cancel{y}}$ 〔約分〕

$= \underline{-4xy^2}$ ……①

①の式に，$x=-3$，$y=\dfrac{2}{3}$ を代入。

$\to \underline{-4} \times (\underline{-3}) \times \left(\underline{\dfrac{2}{3}}\right)^2$ 〔累乗部分を計算〕

$= \underline{-4} \times (\underline{-3}) \times \underline{\dfrac{4}{9}}$

$= \underline{\dfrac{16}{3}}$

> 注意！
> 累乗部分に分数を代入するときは，必ず（）をつけること。
> そうしないと，分子だけ累乗するミスをしやすい。
> y^2 に $y=\dfrac{2}{3}$ を代入。
> $\to \dfrac{2^2}{3} = \dfrac{4}{3}$

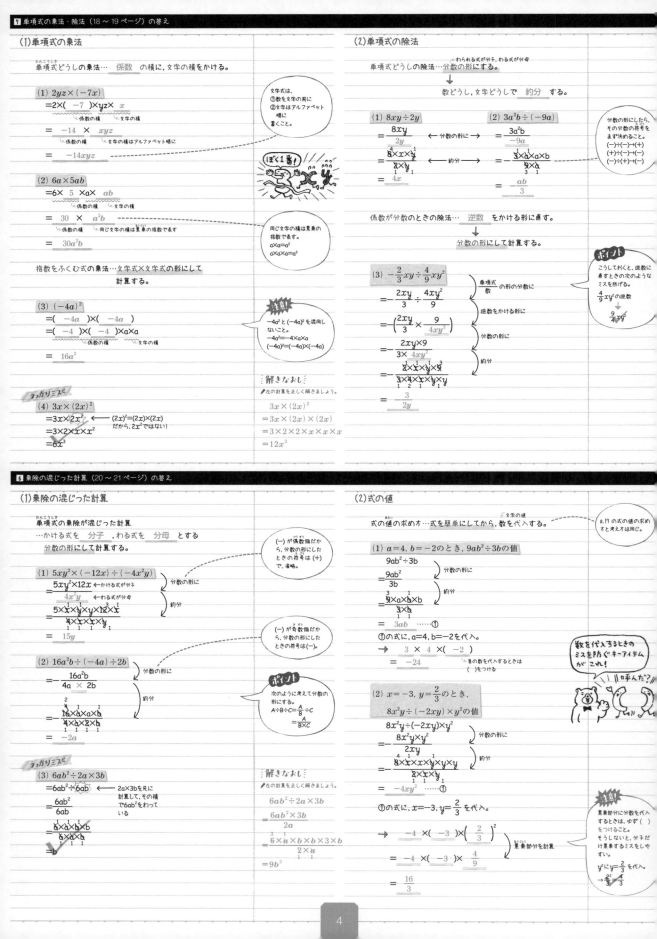

(1)式による説明

偶数…mを整数とすると、偶数は $2m$ ←2の倍数

奇数…nを整数とすると、奇数は $2n+1$ ←2の倍数+1

ポイント

mを整数とすると、
2の倍数は2m,
3の倍数は3m,
…と表せる。

→偶数と奇数の和が奇数になることの説明

〔説明〕 偶数と奇数の和は、2m+(2n+1)   （ ）をはずす

（偶数の和は必ず偶数） ＝2m+2n+1

＝2($m+n$)+1   分配法則

m+nは 整数 だから、2(m+n)+1は奇数。

したがって、偶数と奇数の和は奇数である。

注意！

2m と 2m+1 で説明してはダメ！
これだと、2と3、4と5、…のように、連続する2つの整数に限定されてしまう。

2けたの整数の表し方…十の位の数をa、一の位の数をb
とすると、 $10a+b$

→一の位が0でない2けたの正の整数と、その数の
十の位の数と一の位の数を入れかえた整数との和が
11の倍数になることの説明

〔説明〕 2数の和は、(10a+b)+($10b+a$)

　　　＝ 11 a+ 11 b

　　　＝ 11 (a+b)   分配法則

a+bは整数だから、 11 (a+b)は11の倍数。

したがって、2けたの正の整数と、その数の十の位の数と一の位の数を入れかえた整数との和は、11の倍数である。

aは aでも 10が a個あるんだぞ！

連続する3つの整数の表し方…nを整数とすると、
n、n+ 1 、 $n+2$

→連続する3つの整数の和が3の倍数になることの説明

〔説明〕 3つの整数の和は、n+($n+1$)+($n+2$)

　　　＝ 3 n+ 3

　　　＝ 3 (n+1)   分配法則

n+1は整数だから、 3 (n+1)は3の倍数。

したがって、連続する3つの整数の和は、3の倍数である。

(2)等式の変形

xについて解く…x= 〜 の形に変形すること。

解き方は、方程式を解くのと同じ。

次の等式を、〔 〕の中の文字について解く。

(1) 2x-4y=9 〔x〕   ←-4yを移項

2x=9 +4y

$x=\dfrac{9+4y}{2}$ $x=\dfrac{9}{2}+\dfrac{4y}{2}=\dfrac{9}{2}+2y$ と表すこともできる

注意！

移項するときは、符号を変える。

+5=
=-5

(2) $\dfrac{1}{4}xy=7$ 〔y〕   係数を整数に

xy= 28   右辺にも4をかけるのを忘れないように

$y=\dfrac{28}{x}$

円錐の体積の公式から、高さを求める式をつくる。
…$V=\dfrac{1}{3}\pi r^2 h$ をhについて解く。

円錐の体積の公式

両辺を入れかえて、$\dfrac{1}{3}\pi r^2 h=V$

$\pi r^2 h=$ $3V$

$h=\dfrac{3V}{\pi r^2}$

まず、解く文字を左辺にもっていくと、変形しやすくなる。

長方形の周の長さを求める式から縦の長さを求める式をつくる。
…$l=2(a+b)$ をaについて解く。

両辺を入れかえて、

2(a+b)=l

$a+b=\dfrac{l}{2}$

$a=\dfrac{l}{2}-b$

2a+2b=l
2a=l-2b
$a=\dfrac{l-2b}{2}$
と解いてもよい。

---

(1) 2元1次方程式の解

2元1次方程式…2つの 文字 をふくむ1次方程式。

2x+y=8のような方程式のこと。

この方程式を成り立たせる文字の値の組
…2元1次方程式の 解 という。

2x+y=8を成り立たせるx、yの値の組
…2x+y=8にxの値を代入して、
yについて解く。   空らんをうめましょう。

x	0	1	2	3	4	5
y	8	6	4	2	0	-2

表のx、yの値の組は、すべて2元1次方程式2x+y=8の解。

x=2のとき、2×2+y=8

y= 4

x=5のとき、2×5+y=8

y= -2

x、yの値が分数でも、方程式の解になる。

2x+y=8で、xの値が $\dfrac{2}{3}$ のとき、

yの値は、$2\times\dfrac{2}{3}+y=8$ この分数も、解

$y=\dfrac{20}{3}$ $y=8-\dfrac{4}{3}=\dfrac{24}{3}-\dfrac{4}{3}$

(2)連立方程式の解

連立方程式…2つの方程式を組にしたもの。

2つの方程式のどちらも成り立たせる文字の値の組
…連立方程式の解という。

解を求めること…連立方程式を 解く という。

ムム！事件のカギを握るナゾの方程式。わがはいが解いてみせよう。
名探偵登場！

(3)解であるか調べる

x、yの値の組を連立方程式の2つの式に代入。
→ どちらの式も左辺=右辺になれば、解。

解の表し方はいろいろある。
x=2、y=5
(x、y)=(2、5)
$\begin{cases}x=2\\y=5\end{cases}$

(1) x=2、y=5が、連立方程式
$\begin{cases}x+3y=17\cdots①\\4x-y=3\cdots②\end{cases}$ の解かどうかを調べなさい。

x=2、y=5を①、②の式に代入。

①…左辺＝ 2 +3× 5   ←x=2、y=5を代入

　　＝ 17

　　右辺＝ 17   左辺=右辺

②…左辺＝4× 2 - 5   ←x=2、y=5を代入

　　＝ 3

　　右辺＝ 3   左辺=右辺

もし、①で左辺≠右辺だったら、その時点で解ではないことがわかるので、②は調べなくてよい。

①も②も、左辺=右辺
→ x=2、y=5は、この連立方程式の解である。

うん、合理的だね。

(2) x=3、y=-2が、連立方程式
$\begin{cases}2x+y=4\cdots①\\x-3y=6\cdots②\end{cases}$ の解かどうかを調べなさい。

x=3、y=-2を①、②の式に代入。

①…左辺＝2× 3 +(-2)   ←x=3、y=-2を代入

　　＝ 4

　　右辺＝ 4   左辺=右辺   おっ！解か？

②…左辺＝ 3 -3×(-2)   待て待て

　　＝ 9

　　右辺＝ 6   左辺≠右辺   こっちはダメ！

②が左辺≠右辺
→ x=3、y=-2は、この連立方程式の解ではない。

NO! 早合点は禁物だ

注意！

一方の式だけが成り立っていても、連立方程式の解にはならない！

(1)加減法による連立方程式の解き方

解き方の基本…式を変形
　→ **1** つの文字だけの方程式に。

> こうすれば、1年で学習した方程式になる。

加減法…左辺どうし、右辺どうしを加減
　→ 1つの文字を消す。

> 消去するという。

消し方のキー → 係数の **絶対値** がそろえば消せる！
2xと2x, 3yと−3yなど

> 2xと2x → ひき算で、3yと−3y → たし算で消去できる。

(1) $\begin{cases} x+y=12 & \cdots\cdots① \\ 3x-y=4 & \cdots\cdots② \end{cases}$

①＋②でyが消せる。← yの係数が1と **−1**
　たすかひくか

$$\begin{array}{r} x+y=12 \quad ① \\ +) \ 3x-y=4 \quad ② \\ \hline 4\ x = 16 \end{array}$$ ←同類項を縦にそろえる yが消えた！
　　$x= 4 \cdots\cdots③$

③を①に代入→ 4 ＋y＝12
　　　　　　　　y＝ 8

解は，x＝ 4 ，y＝ 8

(2) $\begin{cases} 2x-3y=10 & \cdots\cdots① \\ 2x-y=6 & \cdots\cdots② \end{cases}$

①－②でxが消せる。← xの係数がどちらも2
　たすかひくか

$$\begin{array}{r} 2x-3y=10 \quad ① \\ -) \ 2x-\ y=6 \quad ② \\ \hline -2\ y = 4 \end{array}$$ ←xが消えた！
　　$y= -2 \cdots\cdots③$

③を②に代入→2x−(−2)＝6
　　　　　　　　2x＝ 4
　　　　　　　　x＝ 2

解は，x＝ 2 ，y＝ −2

> 注意
> 2x−3y=10
> −) 2x− y=6
> □
> −3y−yは×
> −3y−(−y)
> =−3y+yが○

(2)式を何倍かして解く加減法

そのまま式を加減しても文字を消せないとき
　↓
式を何倍かして、1つの文字の **係数** の絶対値をそろえる。

> xと2xなら、xのほうの式を2倍する。

(1) $\begin{cases} 2x+y=10 & \cdots\cdots① \\ 5x-2y=16 & \cdots\cdots② \end{cases}$

①の両辺を 2 倍 ← yの係数の絶対値を2にそろえる

$$\begin{array}{r} ①×2 \quad 4\ x+2y= 20 \\ ② \quad +) \quad 5x-2y=16 \\ \hline 9\ x = 36 \end{array}$$ ←yが消えた！
　　$x= 4 \cdots\cdots③$

③を①に代入→ 2× 4 ＋y＝10
　　　　　　　　　y＝ 2

解は，x＝ 4 ，y＝ 2

> 一方の式を何倍かしても係数の絶対値がそろわない。

(2) $\begin{cases} 3x+5y=-2 & \cdots\cdots① \\ 2x+3y=1 & \cdots\cdots② \end{cases}$

xの係数を 6 にそろえる。← 3と2の最小公倍数
　→①の両辺を 2 倍，②の両辺を 3 倍する。

$$\begin{array}{r} ①×2 \quad 6x+ 10\ y= -4 \\ ②×3 \quad -) \ 6x+ 9\ y= 3 \\ \hline y= -7 \cdots\cdots③ \end{array}$$

③を②に代入→ 2x＋3×(−7)＝1
　　　　　　　　2x＝ 22
　　　　　　　　x＝ 11

解は，x＝ 11 ，y＝ −7

> ポイント
> 係数の絶対値を最小公倍数にそろえる。

> 係数はなるべく小さくすること。

> yの係数をそろえると係数が15になる。

(1)代入法による連立方程式の解き方

代入法…一方の式を他方の式に代入して，1つの文字を消す。

> ポイント
> y＝～や x＝～の式があるときは、代入法のほうが、あとの計算がラク。

(1) $\begin{cases} y=x-4 & \cdots\cdots① \\ 2x+5y=43 & \cdots\cdots② \end{cases}$

①を②に代入して，y を消去
　②のyをx−4に置きかえる

　→ $2x+5(x-4)=43$
　　$2x+ 5x - 20 =43$ }（ ）をはずす
　　　　　　$7x = 63$ } ax=bの形に
　　　　　　$x= 9 \cdots\cdots③$

③を①に代入→y＝ 9 −4
　　　　　　　＝ 5

解は，x＝ 9 ，y＝ 5

> 注意
> x−4に必ず（ ）をつけて置きかえること。

> （ ）をはずすとき、後ろの項にも5をかけるのを忘れずに。

(2) $\begin{cases} 3x-4y=9 & \cdots\cdots① \\ x=2y+7 & \cdots\cdots② \end{cases}$

②を①に代入して，x を消去。
　①のxを2y+7に置きかえる

　→ $3(2y+7)-4y=9$
　　$6y + 21 -4y=9$ }（ ）をはずす
　　　　　　$2y = -12$ } ay=bの形に
　　　　　　$y= -6 \cdots\cdots③$

③を②に代入→x＝2×(−6)＋7
　　　　　　　＝ −5

解は，x＝ −5 ，y＝ −6

> （ ）といっしょにおじゃましま～す♡
> (2y+7)
> ズ
> ボッ
> ッ
> 3　x

> 代入法でも分配法則が大活やく！
> a(b+c)

(2)式を変形して解く代入法

x＝～やy＝～の式がないとき
　…一方の式をx＝～かy＝～の形に変形。

> この形に変形することを、「xについて解く」「yについて解く」という。

(1) $\begin{cases} 3x+y=4 & \cdots\cdots① \\ 5x+2y=15 & \cdots\cdots② \end{cases}$

①をyについて解く→y＝ −3x ＋4……③
　　　　　　　　　　3xを右辺に移項

③を②に代入して，y を消去。

　→ $5x+2(-3x+4)=15$
　　$5x- 6x + 8 =15$ }（ ）をはずす
　　　　　　$-x = 7$ } ax=bの形に
　　　　　　$x= -7 \cdots\cdots④$

④を③に代入→y＝−3×(−7)＋4
　　　　　　　＝ 25

解は，x＝ −7 ，y＝ 25

> 〔別解〕
> 左の連立方程式を加減法で解くと、
> ①×2 　6x+2y=8
> ② 　−) 5x+2y=15
> 　　　　x ＝−7
> x=−7を①に代入して、
> 3×(−7)+y=4
> 　　y=4+21
> 　　　=25
> 解は、x=−7, y=25

(2) $\begin{cases} 3x-5y=10 & \cdots\cdots① \\ x-3y=2 & \cdots\cdots② \end{cases}$

②をxについて解く→x＝ 3y ＋2……③
　　　　　　　　　　−3yを右辺に移項

③を①に代入して，x を消去。

　→ $3(3y+2)-5y=10$
　　$9y + 6 -5y=10$ }（ ）をはずす
　　　　　　$4y = 4$ } ay=bの形に
　　　　　　$y= 1 \cdots\cdots④$

④を③に代入→x＝ 3×1 ＋2
　　　　　　　＝ 5

解は，x＝ 5 ，y＝ 1

> どの方法で解くのがラクか…その見きわめが大切♪

> どっちを使って料理するかな
> 加減法
> 代入法

(1) かっこがある連立方程式の解き方

<u>分配法則</u> を利用して，（　）をはずす。

分配法則
$a(b+c)=ab+ac$

↓

$ax+by=c$ の形に整理して，解く。

(1) $\begin{cases} 5x+y=14 & \cdots\cdots① \\ 2x+3(2-y)=-2 & \cdots\cdots② \end{cases}$

②の（　）をはずす。

$+3(2-y)$
→$+3\times2+3\times(-y)$

$2x+\underline{\ 6\ }-\underline{\ 3\ }y=-2$

$2x-\underline{\ 3\ }y=\underline{\ -8\ }\ \cdots\cdots③$　　　$ax+by=c$ の形に

①と③を連立方程式として解く。

$\begin{array}{r} ①\times3 \quad 15\ \ x+3y= \underline{\ 42\ } \\ ③\quad +)\quad\underline{2x-3y=\ -8\ } \\ \underline{17}\ x = \underline{34} \\ x=\underline{\ 2\ }\ \cdots\cdots④ \end{array}$

yの係数の絶対値を3にそろえた！

④を①に代入→$5\times\underline{\ 2\ }+y=14$
$y=\underline{\ 4\ }$

解は，$x=\underline{\ 2\ }$，$y=\underline{\ 4\ }$

(2) $\begin{cases} 3(x+3y)=x+8 & \cdots\cdots① \\ x+4y=6 & \cdots\cdots② \end{cases}$

①の（　）をはずす。

$3(x+3y)$
→$3\times x+3\times3y$

$\underline{\ 3\ }x+\underline{\ 9\ }y=x+8$

$\underline{\ 2\ }x+\underline{\ 9\ }y=8\cdots\cdots③$

②と③を連立方程式として解く。

$\begin{array}{r} ③\quad\quad 2x+\ 9\ y=8 \\ ②\times2\quad -)\ \underline{2x+\ 8\ y=\ 12\ } \\ y=\underline{\ -4\ }\ \cdots\cdots④ \end{array}$

xの係数の絶対値を2にそろえた！

④を②に代入→$x+4\times\underline{\ (-4)\ }=6$
$x=\underline{\ 22\ }$

解は，$x=\underline{\ 22\ }$，$y=\underline{\ -4\ }$

(2) 係数に分数がある連立方程式の解き方

両辺に分母の <u>最小公倍数</u> をかけて，分母をはらう。

係数が整数になって，計算がラク。

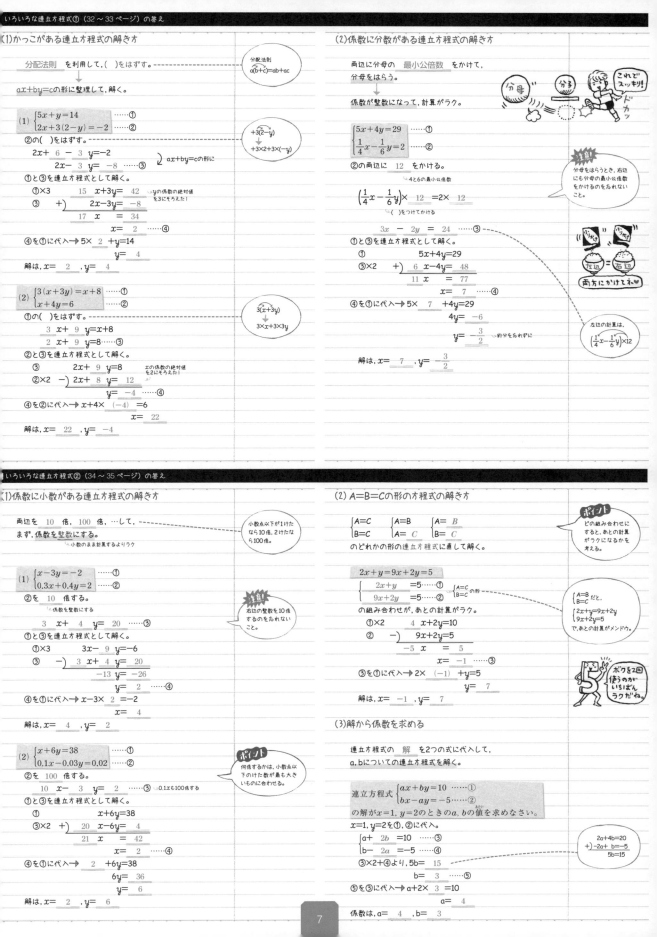

「分母」「分子」「これでスッキリ！」

(1) $\begin{cases} 5x+4y=29 & \cdots\cdots① \\ \dfrac{1}{4}x-\dfrac{1}{6}y=2 & \cdots\cdots② \end{cases}$

②の両辺に <u>12</u> をかける。

←4と6の最小公倍数

$\left(\dfrac{1}{4}x-\dfrac{1}{6}y\right)\times\underline{\ 12\ }=2\times\underline{\ 12\ }$

←（　）をつけてかける

注意
分母をはらうとき，右辺にも分母の最小公倍数をかけるのを忘れないこと。

$\underline{\ 3x\ }-\underline{\ 2y\ }=\underline{\ 24\ }\ \cdots\cdots③$

①と③を連立方程式として解く。

$\begin{array}{r} ①\quad\quad 5x+4y=29 \\ ③\times2\quad +)\ \underline{\ 6\ x-4y=\ 48\ } \\ \underline{11}\ x = \underline{77} \\ x=\underline{\ 7\ }\ \cdots\cdots④ \end{array}$

左辺の計算は，
$\left(\dfrac{1}{4}x-\dfrac{1}{6}y\right)\times12$

④を①に代入→$5\times\underline{\ 7\ }+4y=29$
$4y=\underline{\ -6\ }$
$y=\underline{\ -\dfrac{3}{2}\ }$　約分を忘れずに

解は，$x=\underline{\ 7\ }$，$y=\underline{\ -\dfrac{3}{2}\ }$

---

(1) 係数に小数がある連立方程式の解き方

両辺を <u>10</u> 倍，<u>100</u> 倍，…して，まず，係数を <u>整数</u> にする。

←小数のまま計算するよりラク

小数点以下が1けたなら10倍，2けたなら100倍。

(1) $\begin{cases} x-3y=-2 & \cdots\cdots① \\ 0.3x+0.4y=2 & \cdots\cdots② \end{cases}$

②を <u>10</u> 倍する。

←係数を整数にする

注意
右辺の整数を10倍するのを忘れないこと。

$\underline{\ 3\ }x+\underline{\ 4\ }y=\underline{\ 20\ }\ \cdots\cdots③$

①と③を連立方程式として解く。

$\begin{array}{r} ①\times3\quad 3x-\ 9\ y=-6 \\ ③\quad -)\ \underline{3\ x+\ 4\ y=\ 20\ } \\ \underline{-13}\ y=\underline{\ -26\ } \\ y=\underline{\ 2\ }\ \cdots\cdots④ \end{array}$

④を①に代入→$x-3\times\underline{\ 2\ }=-2$
$x=\underline{\ 4\ }$

解は，$x=\underline{\ 4\ }$，$y=\underline{\ 2\ }$

(2) $\begin{cases} x+6y=38 & \cdots\cdots① \\ 0.1x-0.03y=0.02 & \cdots\cdots② \end{cases}$

②を <u>100</u> 倍する。

$\underline{\ 10\ }x-\underline{\ 3\ }y=\underline{\ 2\ }\ \cdots\cdots③$　←0.1xも100倍する

ポイント
何倍するかは，小数点以下のけた数が最も大きいものに合わせる。

①と③を連立方程式として解く。

$\begin{array}{r} ①\quad\quad x+6y=38 \\ ③\times2\quad +)\ \underline{\ 20\ x-6y=\ 4\ } \\ \underline{21}\ x = \underline{42} \\ x=\underline{\ 2\ }\ \cdots\cdots④ \end{array}$

④を①に代入→$\underline{\ 2\ }+6y=38$
$6y=\underline{\ 36\ }$
$y=\underline{\ 6\ }$

解は，$x=\underline{\ 2\ }$，$y=\underline{\ 6\ }$

(2) A＝B＝Cの形の方程式の解き方

$\begin{cases} A=C \\ B=C \end{cases}$　$\begin{cases} A=B \\ A=C \end{cases}$　$\begin{cases} A=\underline{B} \\ B=\underline{C} \end{cases}$

のどれかの形の連立方程式に直して解く。

ポイント
どの組み合わせにすると，あとの計算がラクになるかを考える。

$2x+y=9x+2y=5$

$\begin{cases} 2x+y=5 & \cdots\cdots① \\ 9x+2y=5 & \cdots\cdots② \end{cases}$ $\begin{cases} A=C\text{ の形} \\ B=C \end{cases}$

の組み合わせが，あとの計算がラク。

$A=B$
$B=C$ だと，
$\begin{cases} 2x+y=9x+2y \\ 9x+2y=5 \end{cases}$
で，あとの計算がメンドウ。

$\begin{array}{r} ①\times2\quad 4\ x+2y=10 \\ ②\quad -)\ \underline{9x+2y=5} \\ \underline{-5}\ x = \underline{\ 5\ } \\ x=\underline{\ -1\ }\ \cdots\cdots③ \end{array}$

ボクを2回使うのがいちばんラクだね

③を①に代入→$2\times\underline{\ (-1)\ }+y=5$
$y=\underline{\ 7\ }$

解は，$x=\underline{\ -1\ }$，$y=\underline{\ 7\ }$

(3) 解から係数を求める

連立方程式の <u>解</u> を2つの式に代入して，a，bについての連立方程式を解く。

連立方程式 $\begin{cases} ax+by=10 & \cdots\cdots① \\ bx-ay=-5 & \cdots\cdots② \end{cases}$
の解が$x=1$，$y=2$のときのa，bの値を求めなさい。

$x=1$，$y=2$を①，②に代入。

$\begin{cases} a+\underline{\ 2\ }b=10 & \cdots\cdots③ \\ b-\underline{\ 2\ }a=-5 & \cdots\cdots④ \end{cases}$

$\begin{array}{r} 2a+4b=20 \\ +)\ \underline{-2a+\ b=5} \\ 5b=15 \end{array}$

③$\times2$＋④より，5b=$\underline{\ 15\ }$
$b=\underline{\ 3\ }\ \cdots\cdots⑤$

⑤を③に代入→$a+2\times\underline{\ 3\ }=10$
$a=\underline{\ 4\ }$

係数は，$a=\underline{\ 4\ }$，$b=\underline{\ 3\ }$

(1)代金の問題

代金を求める式

よく使われる式…代金＝1個の値段× 個数

1個120円のなしと1個150円のかきをあわせて10個買うと，代金は1290円でした。
なしとかきを，それぞれ何個買いましたか。

等しい数量関係は，

(なしの個数)+(かきの個数)= 10
(なしの代金)+(かきの代金)= 1290

> 等しい数量関係を2つ見つける。
> ↓
> 連立方程式にして，解く。

なしの個数をx個，かきの個数をy個とすると，

> 何をx，yで表すかを必ず書く

$$\begin{cases} x+y= 10 & \cdots\cdots① \\ 120\,x+ 150\,y=1290 & \cdots\cdots② \end{cases}$$

①×120　　120x+ 120 y = 1200
②　　 −)　120x+ 150 y = 1290
　　　　　　　　　　 − 30 y=− 90
　　　　　　　　　　　　　y= 3

y= 3 を①に代入すると，$x+$ 3 = 10
　　　　　　　　　　　　　　　　　x= 7

この解は問題に合っている。

> この文章は必ず入れること

答 なし 7 個 かき 3 個

> もし，解が分数だったら…
> 私たちって切られて売られちゃうの?!
> もし解が負の数だったら…
> 私はホントはここにいないの?!
> イヤァァァ

> 解の検討は必要。個数は自然数だから，もし分数や負の数になったら，問題に合っていないことになる。

(2)整数の問題

2けたの整数を表す式

十の位の数をx，一の位の数をyとすると，10 $x+y$

> $x+y$ではない。$x+y$だと，各位の数の和になる。

2けたの正の整数があります。この整数は，各位の数の和の3倍よりも8大きい数です。
また，十の位の数と一の位の数を入れかえた整数は，もとの整数よりも9大きくなります。
もとの整数を求めなさい。

> ことばの式にあてはめると，@になる。
> ことばの式にあてはめると，⑥になる。

等しい数量関係は，

(もとの整数)=(各位の数の和)× 3 + 8 ……@
(入れかえた整数)=(もとの整数)+ 9 ……⑥

十の位の数をx，一の位の数をyとすると，

$$\begin{cases} 10\,x+ y =3(x + y)+8 & \cdots\cdots① \\ 10\,y+ x = 10\,x+ y +9 & \cdots\cdots② \end{cases}$$

> 上の@より
> もとの整数 / 各位の数の和
> 上の⑥より
> 入れかえた整数 / もとの整数

①，②の式を整理すると，

① 10 $x+$ y = 3 $x+$ 3 $y+8$
　　 7 $x−$ 2 $y=8$……③
② −9 $x+$ 9 $y=9$　}÷9
　　 −$x+y=1$……④

③，④を連立方程式として解く。

③　　　 7 $x−$ 2 $y=8$
④×2 +)　−2 $x+$ 2 $y=$ 2
　　　　　 5 x = 10
　　　　　　　x= 2

x= 2 を④に代入すると，−2 +$y=1$
　　　　　　　　　　　　　　　y= 3

> $x=0$だと2けたの整数にはならないので問題に合わない。

求める整数は 23 で，これは問題に合っている。　答 23

---

(1)割合の問題

割合を表す式

割合の表し方…a%→ $\dfrac{a}{100}$

a%増加した数量…(100+ a)%

a%減少した数量…(100− a)%

> 歩合の場合
> a割 → $\dfrac{a}{10}$

ある店で，ケーキとドーナツを買いました。定価で買うと，金額の合計は470円でしたが，ケーキは20%引き，ドーナツは10%引きで売られていたので，代金は388円でした。
ケーキとドーナツの定価は，それぞれ何円ですか。

等しい数量関係から，

(ケーキの定価)+(ドーナツの定価)= 470 ……@
(ケーキの売り値)+(ドーナツの売り値)= 388 ……⑥

ケーキの定価をx円，ドーナツの定価をy円とすると，

$$\begin{cases} x+y= 470 & \cdots\cdots① \\ \dfrac{80}{100}x+ \dfrac{90}{100}y= 388 & \cdots\cdots② \end{cases}$$

> 上の@より
> 上の⑥より

> 20%引きは，100−20=80(%)
> 10%引きは，100−10=90(%)

②の両辺を 100 倍して，

80x+ 90 y= 38800 }÷10
8x+ 9 y= 3880 ……③

①×8　 8x+8y= 3760
③　 −) 8x+9y= 3880
　　　　 −y= −120
　　　　　 y= 120

> 右辺の整数にも100をかけるのを忘れないこと。

> ①と③を連立方程式として，加減法で解く

y= 120 を①に代入すると，$x+$ 120 = 470
　　　　　　　　　　　　　　　　　　x= 350

この解は問題に合っている。

> 金額を求める問題だから，分数，小数や負の数は，この問題に合っていない。

答 ケーキ 350 円，ドーナツ 120 円

(2)速さ・時間・道のりの問題

時間を求める式

よく使われる式…時間＝ $\dfrac{道のり}{速さ}$

> 道のり
> 速さ×時間

A地点からB地点を経て，C地点まで，34kmの道のりを自転車で行きます。A，B間は時速12kmで，B，C間は時速10kmで走ったら，3時間かかりました。A，B間，B，C間の道のりは，それぞれ何kmですか。

等しい数量関係は，

(A，B間の道のり)+(B，C間の道のり)= 34 ……@
(A，B間の時間)+(B，C間の時間)= 3 ……⑥

A，B間の道のりを$x$km，B，C間の道のりを$y$kmとすると，

$$\begin{cases} x+y= 34 & \cdots\cdots① \\ \dfrac{x}{12}+ \dfrac{y}{10}= 3 & \cdots\cdots② \end{cases}$$

> 上の@より
> 上の⑥より
> 時間＝ $\dfrac{道のり}{速さ}$

②の両辺を 60 倍して，

5x+ 6 y= 180 ……③

①×5　 5x+ 5 y= 170
③　 −) 5x+ 6 y= 180
　　　　 −y= −10
　　　　　 y= 10

> 右辺の整数にも60をかけるのを忘れないこと。

> ①と③を連立方程式として，加減法で解く

y= 10 を①に代入すると，$x+$ 10 = 34
　　　　　　　　　　　　　　　　　x= 24

この解は問題に合っている。

> 道のりを求める問題だから，負の数の解はこの問題に合っていない。

答 A，B間 24 km，B，C間 10 km

関係をとらえにくいときは，表を使うとよい。

	A，B間	B，C間	合計
道のり(km)	x	y	34
速さ(km/h)	12	10	
時間(時間)	$\dfrac{x}{12}$	$\dfrac{y}{10}$	3

> ①の式になる。
> ②の式になる。

(1) 1次関数

1次関数

1次関数…yがxの1次式で表される関数。

1次関数の式…$y = \underline{ax} + \underline{b}$　a, bは定数($a \neq 0$)
　xに比例する部分↗　↖定数の部分

1次関数である関係

● $y = ax + b$の形になる関係
→ $y = 2x - 5$, $y = -4x + 1$, $y = \dfrac{3}{4}x + 3$ など

● $y = ax + b$で、$b = 0$である関係
→ $y = 5x$, $y = -2x$, $y = \dfrac{2}{3}x$ など

> **ポイント**
> $b = 0$のときは、比例の関係になる。
> 比例は、1次関数の特別な場合。

● 変形すると$y = ax + b$の形になる関係
→ $3x + 4y = 8$を変形すると、
　$4y = \underline{-3}x + \underline{8}$
　$y = \underline{-\dfrac{3}{4}x + 2}$　←1次関数の式

→ $y = 3(x - 4)$の( )をはずすと、
　$y = \underline{3x - 12}$　←1次関数の式

> **ポイント**
> 1次関数かどうかは、$y = 〜$の形に直して判断する。

1次関数とまぎらわしい関係

$y = \dfrac{3}{x} + 1$
$y = x^2 + 2$

> $y = 3x$は比例の関係。
> $y = \dfrac{3}{x}$は反比例の関係。

右辺がxの1次式になっていない → 1次関数ではない

yがxの2次式で表されるとき、「yはxの2次関数」であるという。

(2) 変化の割合

変化の割合…xの増加量に対するyの　増加量　の割合。

1次関数の変化の割合…$y = ax + b$の変化の割合は
　　一定で、　a　に等しい。　←xの係数

→ 変化の割合 $= \dfrac{y \text{の増加量}}{x \text{の増加量}} = a$ ……①

> $y = 2x + 1$の変化の割合は、xの値が1から3まで増加したとき、
> $\dfrac{7-3}{3-1} = \dfrac{4}{2} = 2$
> xの値が2から5まで増加したとき、
> $\dfrac{11-5}{5-2} = \dfrac{6}{3} = 2$

1次関数$y = 3x - 5$の変化の割合…　3　xの係数に等しい
1次関数$y = -2x + 7$の変化の割合…　-2

$y = ax + b$で、xの値が増加するとき、
yの値は、$\begin{cases} a > 0 \text{のとき…} & \text{増加} \text{する。} \\ a < 0 \text{のとき…} & \text{減少} \text{する。} \end{cases}$

→ $y = -4x + 3$で、xの値が増加するとき、
　yの値は　減少　する。

> 反比例の関係では、変化の割合は一定ではない。

(3) yの増加量の求め方

yの増加量 $= \underline{a} \times (\underline{x} \text{の増加量})$　←(2)の①の式より
　　　　　↖変化の割合

xの増加量が1のときのyの増加量…　a

$y = \dfrac{1}{4}x + 5$で、xの増加量が4のときのyの増加量
… $\dfrac{1}{4} \times 4 = \underline{1}$

$y = -3x + 2$で、xの増加量が2のときのyの増加量
… $\underline{-3} \times 2 = \underline{-6}$

> yの増加量を $\dfrac{1}{4} \times 4 + 5 = 6$ と求めてはダメ。6は、$x = 4$のときのyの値。

-3増加するということは、3減少するということだね。

---

(1) 1次関数のグラフ

$y = ax + b$のグラフ
…$y = ax$のグラフを、　y　軸の正の方向に　b　だけ平行移動した直線。

> $y = ax + b$のグラフのことを、直線$y = ax + b$という。
> 直線$y = ax$は比例のグラフ。

例 $y = 2x - 4$のグラフをかきましょう。

$y = 2x$のグラフを利用して、$y = 2x - 4$のグラフをかく。
…$y = 2x$のグラフを、y軸の正の方向に　-4　だけ平行移動
↓
　負　の方向に4だけ平行移動する。

> 反比例だと双曲線になるね！
> 反比例のグラフ $y = \dfrac{a}{x}$ ($a > 0$)

(2) 直線$y = ax + b$の切片と傾き

切片…y軸との交点$(0, \underline{b})$のy座標　b　のこと。
傾き…　a　の値。
→ $a > 0$…右　上がり　。　xが増加するとyも増加
　$a < 0$…右　下がり　。　xが増加するとyは減少

> 平行な直線は、傾きaが等しい。
> $b = 0$のとき、直線$y = ax + b$は比例のグラフになる。

〔$a > 0$〕 右上がり　　　〔$a < 0$〕 右下がり
切片　傾き　　　　　切片　傾き
$y = ax + b$　　　　　$y = ax + b$

$y = x - 4$…切片は　-4　　$y = -5x + 3$…切片は　3
　　傾きは　1　　　　　　　　　　傾きは　-5

(3) 1次関数のグラフのかき方

$y = ax + b$のグラフが通る2点を見つける。
切片から1点…点$(\underline{0}, \underline{b})$を通る。
傾きから1点…この点から右へ1、上へ　a　だけ進んだ点を通る。

> 2つの点を通る直線は1本しかない。
> この2点を通る直線をひけばよい

(1) $y = 2x - 3$

切片が　-3
…点$(\underline{0}, \underline{-3})$を通る。←①の点

傾きが　2
…①の点から右へ1、上へ　2　だけ進んだ点を通る。
この点は点$(1, -1)$

(2) $y = -\dfrac{2}{3}x + 2$

切片が　2
…点$(\underline{0}, \underline{2})$を通る。←②の点

傾きが　$-\dfrac{2}{3}$
…②の点から右へ3、下へ　2　だけ進んだ点を通る。
この点は点$(3, 0)$

> 傾きaが分数のときは、分母の数だけ右へ、分子の数だけ上(下)へ進んだ点を見つける。
> こうすれば、求める点の座標が整数になる。

私の正体は？
式だと、$y = ⓐx + b$
グラフだと、傾き$ⓐ$
変化の割合！

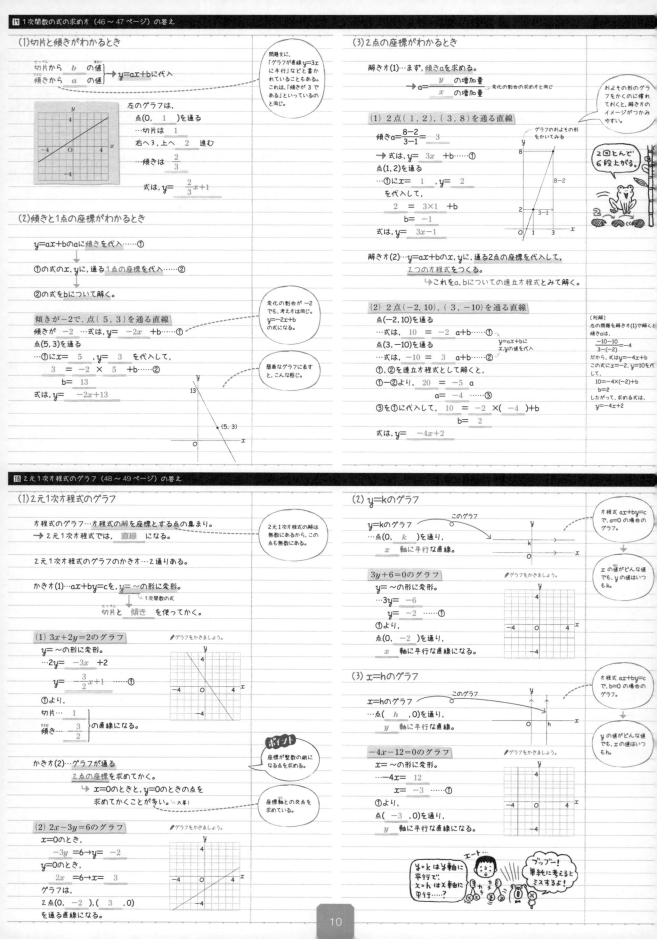

(1)切片と傾きがわかるとき

切片から b の値
傾きから a の値 $\Big\}\longrightarrow$ y＝ax＋bに代入

問題文に、「グラフが直線y＝3xに平行」などと書かれていることもある。これは、「傾きが3である」といっているのと同じ。

左のグラフは、
点(0, 1)を通る
…切片は 1
右へ1, 上へ 2 進む
…傾きは $\dfrac{2}{3}$

式は，$y＝\dfrac{2}{3}x+1$

(2)傾きと1点の座標がわかるとき

y＝ax＋bのaに傾きを代入……①

↓

①の式のx，y，に，通る1点の座標を代入……②

↓

②の式をbについて解く。

変化の割合が −2 でも、考え方は同じ。y＝−2x＋bの式になる。

傾きが−2で、点(5 , 3)を通る直線
傾きが −2 …式は，y＝ −2x +b……①
点(5,3)を通る
…①にx＝ 5 ，y＝ 3 を代入して，
3 ＝ −2 × 5 +b……②
b＝ 13
式は，y＝ −2x+13

簡単なグラフに表すと、こんな感じ。

(3)2点の座標がわかるとき

解き方(1)…まず，傾きaを求める。
$\longrightarrow a＝\dfrac{y\text{ の増加量}}{x\text{ の増加量}}$

変化の割合の求め方と同じ

およその形のグラフをかくのに慣れておくと、解き方のイメージがつかみやすい。

(1) 2点(1 , 2),(3 , 8)を通る直線
傾きa＝$\dfrac{8-2}{3-1}$＝ 3
→ 式は，y＝ 3x +b……①
点(1, 2)を通る
…①にx＝ 1 ，y＝ 2 を代入して，
2 ＝ 3×1 +b
b＝ −1
式は，y＝ 3x−1

グラフのおよその形をみてみる

2回とんで6段上がる。

解き方(2)…y＝ax＋bのx，yに，通る2点の座標を代入して，
2つの方程式をつくる。
↳これをa，bについての連立方程式とみて解く。

(2) 2点(−2 , 10),(3 , −10)を通る直線
点(−2, 10)を通る
…式は，10 ＝ −2 a+b……①
点(3, −10)を通る
…式は，−10 ＝ 3 a+b……②

y＝ax＋bにx，yの値を代入

①，②を連立方程式として解くと，
①−②より，20 ＝ −5 a
a＝ −4 ……③
③を①に代入して，10 ＝ −2 ×(−4)+b
b＝ 2
式は，y＝ −4x+2

[別解]
左の問題を解き方(1)で解くと、傾きは、
$\dfrac{-10-10}{3-(-2)}＝-4$
だから、式はy＝−4x＋b
この式にx＝−2, y＝10を代入して、
10＝−4×(−2)+b
b＝2
したがって、求める式は、
y＝−4x+2

(1)2元1次方程式のグラフ

方程式のグラフ…方程式の解を座標とする点の集まり。
→ 2元1次方程式では， 直線 になる。

2元1次方程式の解は無数にあるから、この点も無数にある。

2元1次方程式のグラフのかき方…2通りある。

かき方(1)…ax＋by＝cを，y＝ 〜の形に変形。
↳1次関数の式
切片と 傾き を使ってかく。

(1) 3x＋2y＝2のグラフ
y＝ 〜の形に変形。
…2y＝ −3x +2
y＝ $-\dfrac{3}{2}x+1$ ……①
①より，
切片… 1
傾き… $-\dfrac{3}{2}$ の直線になる。

グラフをかきましょう。

かき方(2)…グラフが通る
2点の座標を求めてかく。
↳x＝0のときと，y＝0のときの点を
求めてかくことが多い。 大事!

ポイント
座標が整数の組になる点を求める。

座標軸との交点を求めている。

(2) 2x−3y＝6のグラフ
x＝0のとき，
−3y ＝6→y＝ −2
y＝0のとき，
2x ＝6→x＝ 3
グラフは，
2点(0, −2),(3 ,0)
を通る直線になる。

グラフをかきましょう。

(2) y＝kのグラフ

y＝kのグラフ
…点(0, k)を通り，
x 軸に平行な直線。

このグラフ

方程式ax＋by＝cで、a＝0の場合のグラフ。

3y＋6＝0のグラフ
y＝ 〜の形に変形。
…3y＝ −6
y＝ −2 ……①
①より，
点(0, −2)を通り，
x 軸に平行な直線になる。

グラフをかきましょう。

xの値がどんな値でも、yの値はいつもk。

(3) x＝hのグラフ

x＝hのグラフ
…点(h ,0)を通り，
y 軸に平行な直線。

このグラフ

方程式ax＋by＝cで、b＝0の場合のグラフ。

−4x−12＝0のグラフ
x＝ 〜の形に変形。
…−4x＝ 12
x＝ −3 ……①
①より，
点(−3 ,0)を通り，
y 軸に平行な直線になる。

グラフをかきましょう。

yの値がどんな値でも、xの値はいつも h。

エート…
y＝kはy軸に平行で、x＝hはx軸に平行…？

ブッブー！単純に考えるとミスするよ！

(1)連立方程式の解とグラフ

連立方程式の解をグラフから求める
…2つの方程式のグラフをかく。

その　交点　のx座標，y座標の組が解になる。

グラフの交点の座標

連立方程式の解

左のグラフから，解は，
$$x= p \ , \ y= q$$

$$\begin{cases} 2x-y=1 & ……① \\ x+y=5 & ……② \end{cases}$$

①，②を$y=$〜の形に変形。
…① $y= 2x-1$
…② $y= -x+5$

①，②のグラフをかく。
…交点の座標は
$$(\ 2 \ , \ 3 \ )$$

解は，$x= 2$
$\quad\quad y= 3$

▶①，②のグラフをかきましょう。

おたがいに助け合っていこう！
グラフの交点　連立方程式の解答

直線①
…方程式①の解を座標とする点の集まり（Ⓐ）

直線②
…方程式②の解を座標とする点の集まり（Ⓑ）

交点の座標
…2つの方程式に共通な解（Ⓒ）

交点（Ⓒ）

(2)2直線の交点の座標の求め方

グラフから，2直線の式を求める。

2つの式を連立方程式として解く。
…xの値→交点の　x　座標
　yの値→交点の　y　座標

グラフからは交点の座標が読み取れない。

連立方程式とみれば，座標が求められる。

①，②の直線の式を求める。
…① $y= -2x+3$　……③
　　切片3で，右へ1，下へ2進む

…② $y= \frac{2}{3}x+1$　……④
　　切片1で，右へ3，上へ2進む

③，④を連立方程式として解く。
…③を④に代入　どちらも$y=$〜の形だから，代入法でまずyを消去
$$-2x+3 = \frac{2}{3}x+1$$
③の右辺　　④の右辺

$\quad -2x-\frac{2}{3}x=-2$
$\quad -6x-2x=-6$
$\quad -8x=-6$

$$x= \frac{3}{4}　……⑤$$

…⑤を③に代入
$$y= -2 \times \frac{3}{4} + 3 = \frac{3}{2}　……⑥$$

⑤，⑥より，直線①，②の交点の座標は，$\left(\frac{3}{4} \ , \ \frac{3}{2} \right)$

この点が座標平面のどのあたりになるかを確認すると，計算ミスを防げる。

正解はここらあたり

たとえばここらあたりだったら，×

(1)速さ・時間・道のり

交点PでAがBに追いついた

追いついた時刻
…交点Pの　x　座標…mの値
出発からの道のり
…交点Pの　y　座標…nの値

途中で休けいすると，グラフはx軸に平行になるよ。

兄は自転車で，弟は徒歩で，家から3km離れた公園に行きました。
そのときのようすを，弟が9時に家を出発してからの時間をx分，家からの道のりをykmとして，右のグラフに表しました。
兄が弟に追いつく時刻と場所を求めなさい。

直線の式を求める。切片は0→式は$y=ax$

弟…2点(0, 0)，(40, 3)を通るから，
直線の式は，$y= \frac{3}{40}x$　……①

$y=ax$に$x=40$，$y=3$を代入して，aの値を求める。

兄…2点(20 , 0)，(35 , 3)を通るから，
傾きは，$\dfrac{3-0}{35 - 20}=\dfrac{1}{5}$

$y=\frac{1}{5}x+b$に$x= 20$，$y=0$を代入して，
$0=\frac{1}{5}\times 20 +b$，$b= -4$

直線の式は，$y= \frac{1}{5}x-4$　……②

①を②に代入して，まずxの値を求める。

交点の座標を求める。
①，②を連立方程式とみて解くと，
$$x= 32 \ , \ y= \frac{12}{5}$$

したがって，兄が弟に追いついた時刻は，32分

場所は，家から，$\frac{12}{5}$ のところ。

答えるのは，出発してから追いつくまでの時間ではなく，追いついた時刻。

▶書き直しましょう。

うっかりミス

正解は，
9時32分

(2)1次関数と図形

図形の周上を動く点の問題…辺ごとに分けて考える。

右の長方形ABCDの周上を，点Pが，点Aを出発して，毎秒2cmの速さで点B，Cを通り，点Dまで動きます。
点Pが点Aを出発してからx秒後の△APDの面積をy cm²とします。
点Pが次の辺上を動くとき，yをxの式で表しなさい。
　㋐ 辺AB上　　㋑ 辺BC上　　㋒ 辺CD上

㋐ 辺AB上を動くとき

$6\div2=3$
Bに着くまでの時間…3秒
→xの変域は　0 ≦x≦3
AD=8cm，AP= 2x cm
→$y=\frac{1}{2}\times8\times 2x$
$$y= 8x \ (\ 0 \ ≦x≦ 3 \ )$$

時間＝$\frac{道のり}{速さ}$

道のり＝速さ×時間
↑　　　↑
毎秒2cm　x秒

三角形の面積の公式

注意
変域も必ず書こう！

㋑ 辺BC上を動くとき

出発してからの時間$(6+8)\div2=7$
Cに着くまでの時間…7秒
→xの変域は　3 ≦x≦7
AD=8cm，AB=6cm
→$y=\frac{1}{2}\times8\times6$
$$y= 24 \ (\ 3 \ ≦x≦7)$$

Bに着いてからCに着くまでが変域。

㋒ 辺CD上を動くとき

$(6+8+6)\div2=10$
Dに着くまでの時間…10秒
→xの変域は　7 ≦x≦10
AD=8cm
DP=$(6+8+6)- 2x$
　$= 20-2x$ (cm)
→$y=\frac{1}{2}\times8\times(20-2x)$
$$y= -8x+80 \ (\ 7 \ ≦x≦10)$$

簡単なグラフにするとこんな感じ。

11

(1)対頂角

対頂角…2つの直線が交わってできる4つの角のうち，
　　　　向かい合っている角。

→ 対頂角は 等しい 。

右の図で，
∠a= c 　対頂角
∠b= d 　対頂角

左の図で，
∠a= $50°$ 　50°の角の対頂角
∠b=180°−($50°$ +100°)
　　= $30°$

(2)同位角と錯角

右の図のように，2つの直線に1つの
直線が交わってできる角のうち，
同位角…∠aと ∠e のような位置に
ある角。
∠bと ∠f 　　これらも同位角。
∠cと ∠g
∠dと ∠h

錯角…∠bと ∠h のような位置にある角。
∠cと ∠e も錯角。

ZやNがつくる角を
考えよう。
それが錯角!!

右の図で，∠qの同位角を答え
なさい。
また，∠tの錯角を答えなさい。
∠qの同位角は，∠u
∠tの錯角は，∠r

(3)平行線の性質

2つの直線に1つの直線が交わるとき，

| 2つの直線は平行 | → 平行線の性質 → | 同位角は 等しい 。 |
| 2つの直線は平行 | ← 平行線になる条件 ← | 錯角は 等しい 。 |

逆もまた真なり!!

右の図で，
ℓ//m ならば，
∠a= c 　同位角
∠a= b 　錯角
逆に，∠a= c ，または，∠a= b ならば，
　　　　　　同位角　　　　　　　　錯角
ℓ//m

∠bと∠cは対頂角
だから，
∠b=∠c

右の図で，ℓ//mならば，
∠c+∠b= $180°$ 　一直線の角
∠b= c 　平行線の錯角
したがって，
∠a+∠b= $180°$ ……①

上の図で，同位角 が70°で等しいから，
ℓ // m 　平行線になる条件

∠xと80°の角は 錯角 だから，
∠x= $80°$ 　平行線の性質

∠y+75°= $180°$ だから，上の①より
∠y= $180°$ − $75°$
　　= $105°$

(1)三角形の内角と外角

内角…多角形の内側の角。
→ 右の△ABCの∠A，∠B，∠C

外角…多角形の1つの辺と，となりの
辺の延長とがつくる角。
→ 右の図の∠ACD，∠ BCE など。

∠DCEは外角
ではない。

これも外角
ではないよ。

三角形の内角，外角の性質

三角形の内角の和… 180° 性質(1)
→ 右の△ABCで，
∠a+∠b+∠c= 180°

三角形の外角
…1つの外角は，それととなり合わな
い2つの内角の 和 に等しい。
→ 右の図で，∠ACD=∠a+ ∠b 性質(2)

∠ACDととなり
合わない内角

(1)　∠x+60°+65°= 180° 　性質(1)を利用
　　　↓
　　　∠x= 180° −(60° + 65°)
　　　　= 55°

(2)　∠y=50°+ 70° 　性質(2)を利用
　　　↓
　　　= 120°

(3)　∠z+ 45° = 100°
　　　↓
　　　∠z= 100° − 45°
　　　　= 55°

鋭角… 0° より大きく，
　　　 90° より小さい角。

鈍角… 90° より大きく，
　　　 180° より小さい角。

|すべて 鋭角|1つ直角|1つ鈍角|
|鋭角三角形|直角三角形|鈍角三角形|

鋭角は
先が鋭い。

鈍角は
先が鈍い

(2)多角形の内角の和と外角の和

n角形の内角の和…180°×(n−2) 性質(3)
→ 八角形の内角の和
…180°×(8−2)= 1080° 　nに8を代入

→ 正八角形の1つの内角
… 1080° ÷8= 135° 　正八角形だから
　　　　　　　　　　　　　　内角はすべて等しい

多角形の外角の和… 360° 性質(4)
→ 正十角形の1つの外角
… 360° ÷10= 36° 　正十角形だから
　　　　　　　　　　　　　外角はすべて等しい

公式を忘れたら，1つの
頂点から対角線をひい
て，三角形に分けてみ
るとよい。

六角形
三角形は
4つ
内角の和は，
180°×4=720°

(1)　五角形の内角の和
　　　…180°×(5− 2)= 540° 　性質(3)を利用
　　この内角を求めると，
　　　 540° −(105°+110°+120°+100°)
　　　= 105°
　　　∠x=180°− 105°
　　　= 75°

(2)　∠y+120°+130°= 360° 　性質(4)を利用
　　　↓
　　　∠y= 360° −(120°+130°)
　　　= 110°

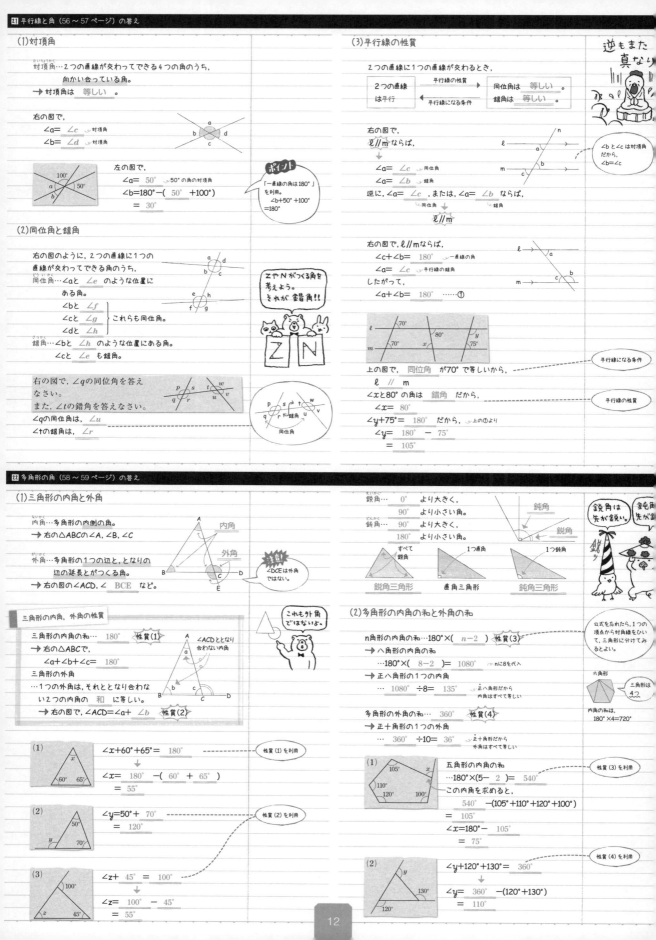

《(1)合同な図形

合同…平面上の2つの図形で、一方が他方に
　　　ぴったり重なる図形。

　　　　　　　　　　　　裏返すと重なる図形も
　　　　　　　　　　　　合同。

合同な図形の性質…対応する線分や角は　等しい　。
　　　　　　　　　　↑重なり合う線分や角

合同を表す記号
…右の△ABCと△DEFが合同
　であるとき、
　　△ABC ≡ △DEF
　と表す。

対応する辺の関係
　→ AB= DE ,BC= EF ,CA= FD
　　　　　　　　　　　　　　対応する辺の長さは
　　　　　　　　　　　　　　等しい。

対応する角の関係
　→ ∠A= ∠D ,∠B= ∠E ,∠C= ∠F
　　　　　　　　　　　　　　対応する角の大きさ
　　　　　　　　　　　　　　は等しい。

対応する高さの関係
　→ AG= DH
　　　　　　　　　　　　　　対応する高さは等しい。

合同を表す記号を使うとき
は、対応する頂点の順に書
く。
…右の四角形が合同である
とき、
　　四角形ABCD≡四角形EFGH
　　　　　　　　　　ファンガリミスら
　↑書き直しましょう。
　　　　　　　　　　　　対応する頂点の順に書いていない。
→正解は、　四角形ABCD≡四角形HGFE

下の④は⑦が
180°回転した
四角形だね。

右の⑦、④の四角形は合同です。
(1)　辺HEの長さを求めなさい。
(2)　∠Aの大きさを求めなさい。

(1) 辺HEは辺BCに対応しているから、　6 cm
(2) ∠Aは∠Gに対応しているから、　110°

《(2)三角形の合同条件

三角形の合同条件

2つの三角形は、次のどれかが成り立てば、合同。
(1)　3組の辺がそれぞれ等しい。
　　　　　　　　　　　　　　AB= DE
　　　　　　　　　　　　　　BC= EF
　　　　　　　　　　　　　　CA= FD

(2)　2組の辺とその間の角がそれぞれ等しい。
　　　　　　　　　　　　　　AB= DE
　　　　　　　　　　　　　　BC= EF
　　　　　　　　　　　　　　∠B= ∠E

「2組の辺と1組の角」
だけでは合同とはい
えない。

(3)　1組の辺とその両端の角がそれぞれ等しい。
　　　　　　　　　　　　　　BC= EF
　　　　　　　　　　　　　　∠B= ∠E
　　　　　　　　　　　　　　∠C= ∠F

合同ではない！

右の図で、2つの三角形は合同で
す。そのことを、記号≡を使って表
しなさい。
また、そのときに使った合同条件も
答えなさい。

合同条件にあてはまら
ないように見えるが、

図の右の三角形で、∠E+75°+60°＝　180°　より、
　　　　　∠E＝　180°　−(75°+60°)
　　　　　　　＝　45°
2つの三角形は、　1組の辺とその両端の角　が
それぞれ等しいので、BC=DE、∠B=∠D、∠C=∠E
　△ABC ≡△FDE
　　　　↑対応する頂点の順に記号を書く。

三角形の内角の和が
180°であることを
使って、残りの角の
大きさを調べる。

《(1)仮定と結論

仮定…与えられてわかっていること。
結論…　仮定　から導かれること。
　○○○ならば、□□□。
　　　　仮定　　　　　結論

△ABC≡△DEFならば、BC=EFである。
→仮定…　△ABC≡△DEF
　　　　　　　　　　「ならば」の前
　結論…　BC=EF
　　　　　　　「ならば」の後

8の倍数は、2の倍数である。
→「○○○ならば、□□□。」の形に書き直すと、
　「8の倍数ならば、2の倍数である。」
　仮定…　8の倍数
　結論…　2の倍数

ポイント
わかりにくいときは、
「ならば」を使った文
に書き直してみる。

《(2)証明

証明…すでに正しいと認められていることがらを根拠として、
　　　　仮定　から　結論　を導くこと。

証明のしくみ
…右の図で、OA=OC, AB//DCであるとき、
△OAB≡△OCDとなることは次のように証
明する。

図形の証明の根拠として、
・対頂角
・平行線と同位角、錯角
・三角形の内角、外角
・合同な図形の性質
・三角形の合同条件
などがよく使われる。

根拠となることがら

(仮定)　　　　　OA=　OC　……①
　　　　　　　AB//DC
対頂角は等しい……　∠AOB=　∠COD　……②
平行線の錯角は等しい……　∠BAO=　∠DCO　……③
①、②、③から、1組の辺とその
両端の角がそれぞれ等しい……△OAB≡△OCD　結論

《(3)証明の進め方

右の図で、AC=BD,
∠ACD=∠BDCであるとき、
∠DAC=∠CBDであることを
証明しなさい。

(1)　仮定と結論を確認する。
　(仮定) AC=　BD　,∠ACD=　∠BDC
　(結論)∠DAC=　∠CBD

(2)　結論を導くためのことがらを考える。
　…∠DAC=∠CBDを導くためには、
　△ADC≡　△BDC　を示せばよい。

(3)　仮定や仮定から導かれることがらを書く。
　…等しい辺や角を見つけ、
　図に印をつけていくとよい。

(4)　(3)につながりをつける。
　…△ADC≡　△BDC　を示すための
　合同条件を決める。

証明をするときに、問題
の意味をはっきりさ
せるために、最初に仮
定と結論を書くことが
あるが、実際の証明で
は省いてもよい。

仮定からわかることがら
を図に示すと、こうなる。

この流れで証明を進めると、次のようになる。

〔証明〕　　　　△ADCと△BDCで、
　　　　　　仮定より、
　　　　　　AC=　BD　……①
　　　　　　∠ACD=　∠BDC　……②
　　　　　　DCは　共通　だから、
　　　　　　DC=CD　……③
　　　①、②、③から、　2組の辺とその間の角　が
　　　それぞれ等しいので、
　　　　　　△ADC≡　△BDC
　　　合同な図形では、対応する角は等しいので、
　　　　　　∠DAC=　∠CBD

仮定や結論が文章で
表されていたら、証明は
記号を使った表現に変換
しよう。

文章　　　　　　　記号
線分AB　　　→　AM=BM
の中点、M

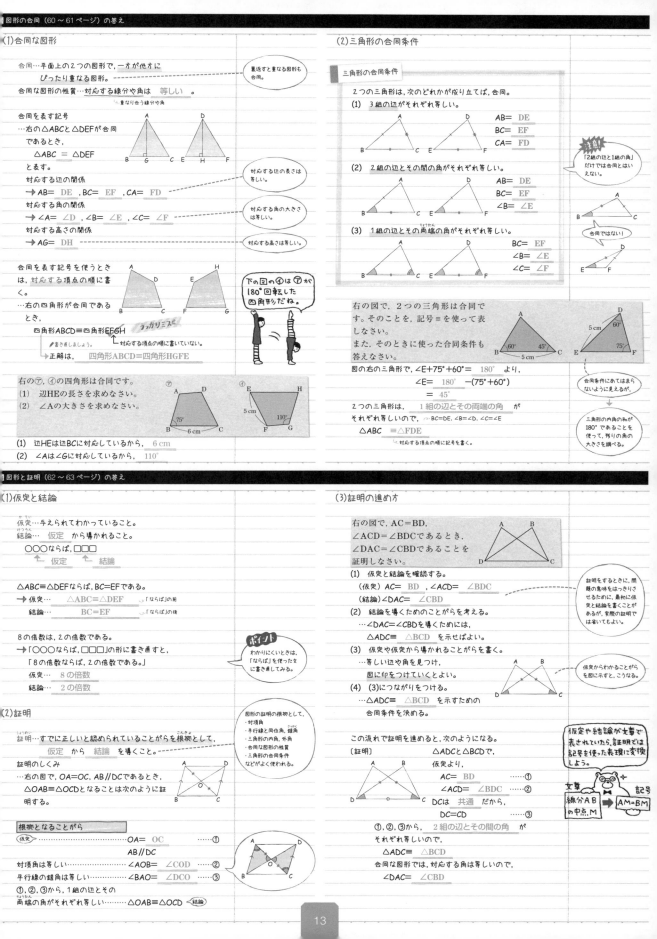

(1)定義

定義…ことばの意味をはっきりと述べたもの。

二等辺三角形の定義
…2つの 辺 が等しい三角形を，
二等辺三角形という。

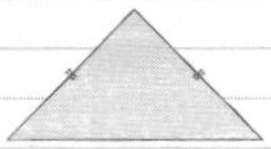

二等辺三角形

二等辺三角形で，
頂角… 等しい 2辺の間の角。
底辺… 頂角 に対する辺。
底角… 底辺 の両端の角。

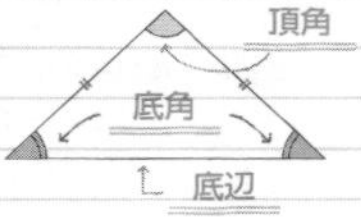

頂角
底角
底辺

定義と定理の
ちがいをはっきりさせよう♥

これは
義・理
チョコ…

(2)定理

定理… 証明 されたことがらのうち，基本になるもの。
→ 図形の性質を証明するときの根拠としてよく使われる。

二等辺三角形の底角

二等辺三角形の性質(1)（定理）
…二等辺三角形の2つの底角は 等しい 。

ポイント
補助線をひくのは
証明の有効な手段。

〔証明〕 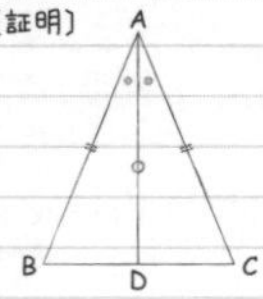
AB＝ACの二等辺三角形ABCに，∠Aの
二等分線をひき，BCとの交点をDとする。
△ABDと△ACDで，
仮定より，AB＝ AC ……①
ADは∠Aの二等分線だから，
∠BAD＝ ∠CAD ……②
ADは共通だから，AD＝ AD ……③
①，②，③から， 2組の辺とその間の角 が
それぞれ等しいので，△ABD≡△ACD
合同な図形では，対応する角は等しいので，
∠B＝ ∠C

(1)
65°
x
A B C

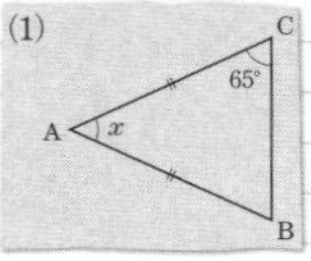

△ABCは，AB＝ AC の二等辺三
角形だから，
∠B＝ ∠C ＝65°
∠x＝ 180° −(65°+65°)
＝ 50°

二等辺三角形の底角は
等しい。

三角形の内角の和は
180°

(2)
100°
y
A B C

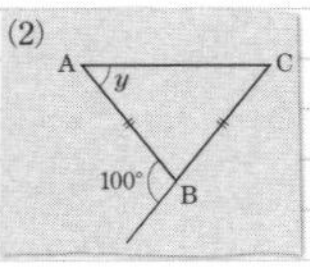

△BCAは，BC＝ BA の二等辺三
角形だから，
∠C＝∠A＝∠y
∠y＋∠y＝ 100°
∠y＝ 100° ÷2
＝ 50°

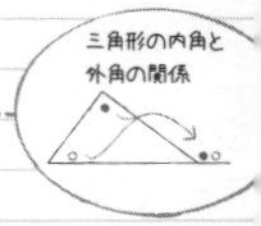

三角形の内角と
外角の関係

二等辺三角形の頂角の二等分線

二等辺三角形の性質(2)（定理）
…二等辺三角形の頂角の二等分線は，
底辺を 垂直 に 2 等分する。

二等辺三角形の頂角の
二等分線は，対称の軸
という見方もできる。

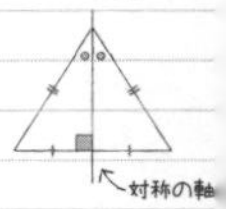

〔証明〕
A
B D C

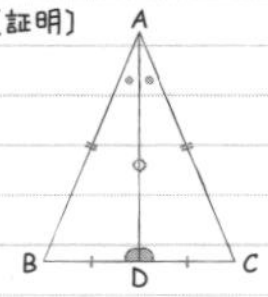

二等辺三角形の性質(1)の証明より，
△ABD≡△ACD
合同な図形では，対応する辺や角は等
しいので，
BD＝ CD ……①
∠ADB＝ ∠ADC ……②
また，
∠ADB＋∠ADC＝ 180° ……③
②，③から，
2∠ADB＝ 180°
∠ADB＝ 90°
したがって，AD⊥BC ……④
①，④から，二等辺三角形の頂角の二等分線は，底辺を
垂直 に 2 等分する。

対称の軸

点Dは辺BCの中点に
なる。

(1)二等辺三角形の性質を利用した証明

AB＝ACの二等辺三角形ABCで，辺AB，AC上に，
DB＝ECとなるように，点D，Eをとります。このとき，
△DBC≡△ECBであることを証明しなさい。

A
D E
B C

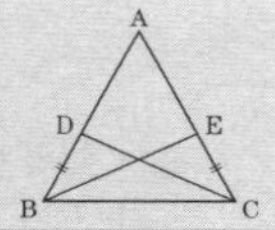

〔証明〕 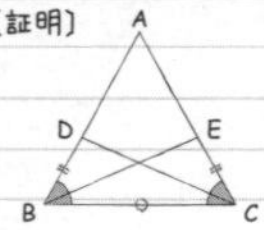
△DBCと△ECBで，
仮定より，DB＝ EC ……①
BCは共通だから，BC＝CB ……②
△ABCはAB＝ACの二等辺三角形
だから， 二等辺三角形の底角は等しい
∠DBC＝ ∠ECB ……③
①，②，③から， 2組の辺とその間の角 が
それぞれ等しいので，△DBC≡△ECB

三角形の合同条件で
よく使われるのがコレ。

辺
角
辺

右の図で，
AD＝BD＝CDであるとき，
∠ABC＝90°であることを
証明しなさい。

A
D
B C

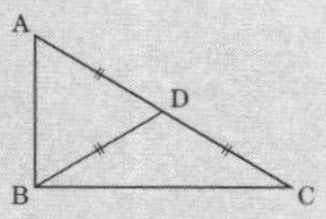

ポイント
2つの二等辺三角形
の底角に着目。

〔証明〕∠DBC＝a°とする。
△DBCはDB＝DCの二等辺三角形だから，
∠DBC＝ ∠DCB ＝a° ……①
①より，三角形の内角と外角の関係から，
∠ADB＝a°+a°＝ 2a° ……②
△DABはDA＝DBの二等辺三角形だから，
∠DBA＝ ∠DAB ……③
△DABの内角の和は180°であるから，②，③より，
2a° +2∠DBA＝180°
∠DBA＝90°− a° ……④
①，④から，∠ABC＝∠DBA＋ ∠DBC
＝(90°− a°)+a°
＝90°

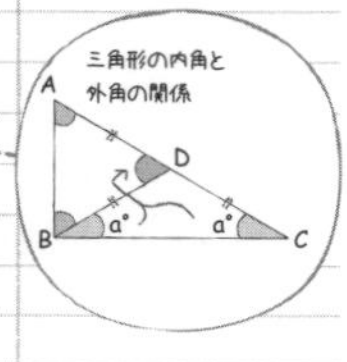

三角形の内角と
外角の関係

(2)二等辺三角形になるための条件

2つの角が等しい三角形

2つの角が等しい三角形の性質（定理）
…2つの角が等しい三角形は， 二等辺三角形 である。

〔証明〕 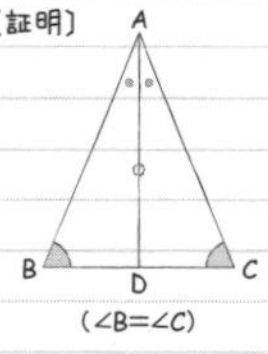
A
B D C
（∠B=∠C）

左の△ABCに，∠Aの二等分線をひき，
BCとの交点をDとする。
△ABDと△ACDで，
仮定より，∠B＝ ∠C ……①
∠BAD＝ ∠CAD ……②
三角形の内角の和は180°であるから，
①，②より，∠ADB＝ ∠ADC ……③
ADは共通だから，AD＝AD ……④
②，③，④から， 1組の辺とその両端の角 が
それぞれ等しいので，△ABD≡ △ACD
合同な図形では，対応する辺は等しいので，
AB＝ AC
2つの辺が等しいので，△ABCは二等辺三角形である。

ADは∠Aの二等分線

①，②より，残りの角
も等しい。

二等辺三角形の定義

AB＝ACの二等辺三角形ABCで，
∠B，∠Cの二等分線の交点をPとす
るとき，△PBCが二等辺三角形であ
ることを証明しなさい。

A
P
B C

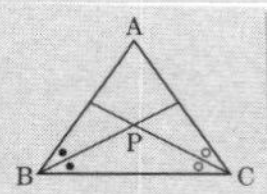

ポイント
△PBCの2つの角が等
しいことを証明する。

〔証明〕△ABCはAB＝ACの二等辺三角形だから，
∠ABC＝ ∠ACB ……①
PB，PCはそれぞれ∠B，∠Cの二等分線だから，
∠PBC＝$\frac{1}{2}$ ∠ABC ……②
∠PCB＝$\frac{1}{2}$ ∠ACB ……③
①，②，③から，∠PBC＝ ∠PCB
2つの角が等しいので，△PBCは二等辺三角形である。

二等辺三角形の底角
は等しい。

(1)正三角形の定義

正三角形の定義
…3つの 辺 がすべて等しい三角形を，
正三角形という。

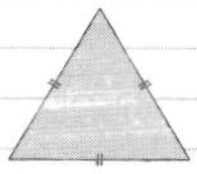

正三角形

正三角形の角

正三角形の性質（定理）
…正三角形の3つの内角は，すべて 等しい 。

〔証明〕 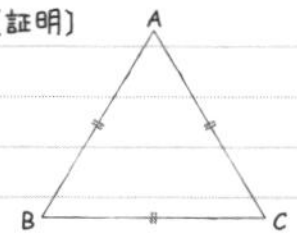
正三角形ABCを，AB＝ACの
二等辺三角形と考えると，
∠B＝ ∠C ……①
また，BC＝BAの
二等辺三角形と考えると，
∠C＝ ∠A ……②
①，②から，
∠A＝∠B＝∠C

二等辺三角形の底角
は等しい。

二等辺三角形
↓
正三角形

正三角形は
二等辺三角形の
特別なもの。

(2)正三角形になるための条件

3つの角が等しい三角形の性質（定理）
…3つの角が等しい三角形は， 正三角形 である。

〔証明〕 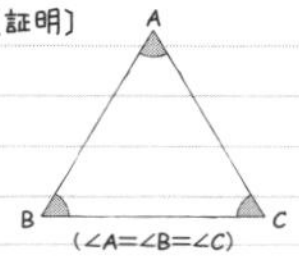
左の△ABCで，∠B＝∠Cだから，
AB＝ AC ……①
また，∠C＝∠Aだから，
BC＝ BA ……②
①，②から，
AB＝BC＝CA
3つの辺がすべて等しいので，
△ABCは正三角形である。

（∠A＝∠B＝∠C）

2つの角が等しい三角
形は，二等辺三角形。

(3)逆

逆…あることがらの，仮定と 結論 を入れかえたもの。

A ならば， B …Aが仮定，Bが結論
↕ 逆
B ならば， A …Bが仮定，Aが結論

(1) △ABCで，AB＝ACならば，∠B＝∠C ……二等辺三角形の性質（定理）
の逆は，
△ABCで， ∠B＝∠C ならば， AB＝AC ……2つの角が等しい三角形の性質（定理）

(2) △ABCが正三角形ならば，∠A＝∠B＝∠C ……正三角形の性質（定理）
の逆は，
∠A＝∠B＝∠C ならば，△ABCは 正三角形 ……3つの角が等しい三角形の性質（定理）

(1)，(2)では，逆も正しい。
しかし，
あることがらが正しくても，その逆は
正しいとは限らない。

逆走はダメ！

反例…仮定にあてはまるもののうち，
結論が成り立たない例。
→ あることがらが正しくないことは，
反例 を1つでも示せば説明できる。

整数a，bで，
aもbも偶数ならば，a＋bは偶数である。← これは正しい。
この逆は，
a＋b が偶数ならば， aもbも偶数 である。
これは正しくない。
反例…a＋bが偶数でも，aが奇数で，bが 奇数 の場合がある。

(1)直角三角形

直角三角形の定義
…1つの内角が 直角 の三角形を，
直角三角形という。

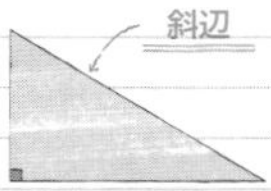

斜辺

直角三角形で，
斜辺… 直角 に対する辺。

直角三角形

キムたちが斜辺よ。

ラッカリエスを

左の直角三角形の斜辺
…辺AC ← 斜辺は直角に対する辺であることを
忘れて，見た目で判断している。
●書きましょう。
→正解は，辺BC

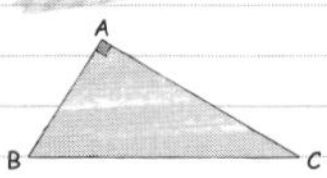

ちがう，ちがう
斜辺はワ・タ・シ！

(2)直角三角形の合同条件

直角三角形の合同条件

2つの直角三角形は，次のどちらかが成り立てば，合同。（定理）
(1) 斜辺と1つの鋭角がそれぞれ等しい。

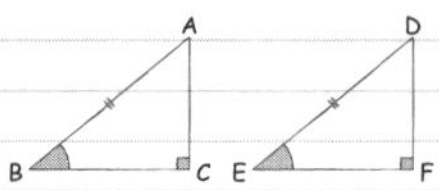

∠C＝∠F＝ 90°
AB＝ DE ←斜辺
∠B＝ ∠E ←1つの鋭角
ならば，△ABC≡△DEF

(2) 斜辺と他の1辺がそれぞれ等しい。

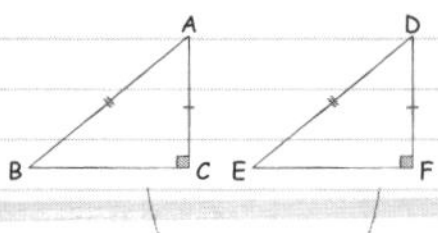

∠C＝∠F＝ 90°
AB＝ DE ←斜辺
CA＝ FD ←他の1辺
ならば，△ABC≡△DEF

(2)の〔証明〕
ACとDFを
重ねる。

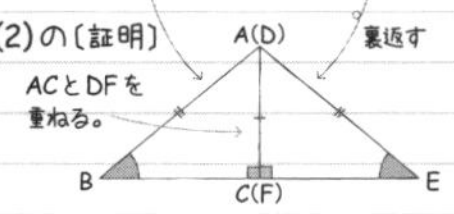

裏返す

△ABEはAB＝AE
の二等辺三角形になる。

直角三角形の合同条件を
使うときは，どの角が直
角かを必ず示すこと。

このとき，∠A＝∠Dにな
るから，三角形の合同条
件の「1組の辺とその両
端の角」が使えるので，
△ABC≡△DEF

これにより，∠B＝∠Eに
なるから，(1)で証明した
直角三角形の合同条件
の「斜辺と1つの鋭角」
がそれぞれ等しいので，
△ABC≡△DEF

右の図の直角三角形を，
合同な三角形の組に分け
なさい。そのときに使っ
た合同条件も答えなさ
い。

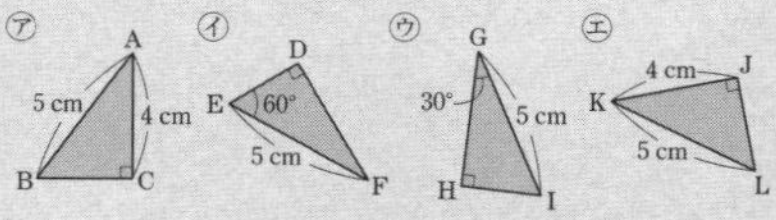

⑦ 5cm 4cm
④ 60° 5cm
⑨ 30° 5cm
⑤ 4cm 5cm

⑦と ⑤
…直角三角形の斜辺と 他の1辺 がそれぞれ等しい。

④と ⑨
…直角三角形の斜辺と 1つの鋭角 がそれぞれ等しい。

∠E＝60°
∠I＝90°−30°
＝60°

(3)直角三角形の合同条件を利用した問題

∠AOBの二等分線上の点Pから，
2辺OA，OBに垂線PH，PKをそ
れぞれひくとき，PH＝PKとなる
ことを証明しなさい。

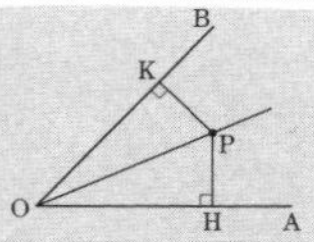

ポイント
△POH≡△POK
が証明できれば，
PH＝PKとなる。

〔証明〕 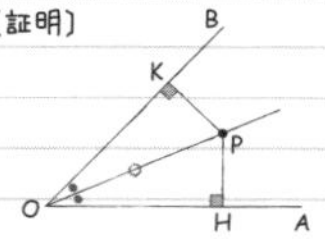
△POHと△POKで，
PH⊥OA，PK⊥OBだから，
∠PHO＝∠PKO＝ 90° ……①
また，POは∠AOBの二等分線だから，
∠POH＝ ∠POK ……②←鋭角
POは共通だから，
PO＝PO ……③←斜辺
①，②，③から，直角三角形の 斜辺と1つの鋭角 が
それぞれ等しいので，
△POH≡ △POK
合同な図形では，対応する辺は等しいので，
PH＝PK

①より，
△POHと△POKは
直角三角形である
ことがわかる。

直角三角形の合同条件
を使うと，証明が少しと
手間省けてラクだね。

(1)平行四辺形の定義

<u>対辺</u>　　<u>対角</u>

四角形で，
対辺…　向かい　合う辺。
対角…　向かい　合う角。

平行四辺形の定義…2組の対辺がそれぞれ　<u>平行</u>　な四角形を，平行四辺形という。

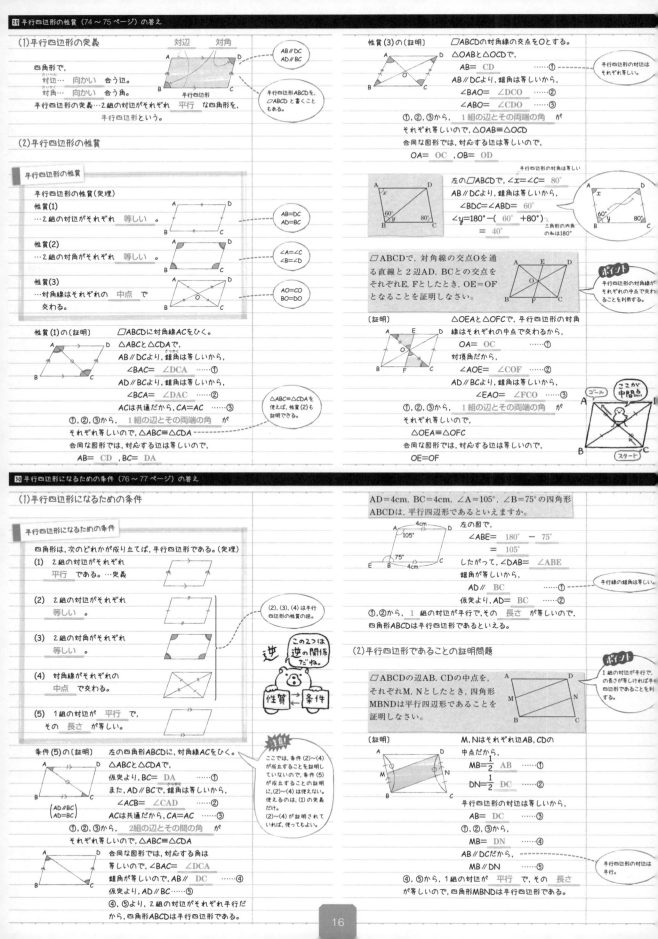

平行四辺形ABCDを，□ABCDと書くこともある。

AB∥DC
AD∥BC

(2)平行四辺形の性質

平行四辺形の性質

平行四辺形の性質（定理）

性質(1)
…2組の対辺がそれぞれ　<u>等しい</u>　。

AB=DC
AD=BC

性質(2)
…2組の対角がそれぞれ　<u>等しい</u>　。

∠A=∠C
∠B=∠D

性質(3)
…対角線はそれぞれの　<u>中点</u>　で交わる。

AO=CO
BO=DO

性質(1)の（証明） □ABCDに対角線ACをひく。

△ABCと△CDAで，
AB∥DCより，錯角は等しいから，
∠BAC= ∠DCA ……①
AD∥BCより，錯角は等しいから，
∠BCA= ∠DAC ……②
ACは共通だから，CA=AC ……③
①，②，③から，　1組の辺とその両端の角　がそれぞれ等しいので，△ABC≡△CDA
合同な図形では，対応する辺は等しいので，
AB= CD ，BC= DA

△ABC≡△CDAを使えば，性質(2)も証明できる。

性質(3)の（証明） □ABCDの対角線の交点をOとする。

△OABと△OCDで，
AB= CD ……①
AB∥DCより，錯角は等しいから，
∠BAO= ∠DCO ……②
∠ABO= ∠CDO ……③
①，②，③から，　1組の辺とその両端の角　がそれぞれ等しいので，△OAB≡△OCD
合同な図形では，対応する辺は等しいので，
OA= OC ，OB= OD

平行四辺形の対辺はそれぞれ等しい。

平行四辺形の対角は等しい

左の□ABCDで，∠x=∠C= 80°
AB∥DCより，錯角は等しいから，
∠BDC=∠ABD= 60°
∠y=180°−(60° +80°)
　　= 40°

三角形の内角の和は180°

□ABCDで，対角線の交点Oを通る直線と2辺AD，BCとの交点をそれぞれE，Fとしたとき，OE=OFとなることを証明しなさい。

ポイント
平行四辺形の対角線がそれぞれの中点で交わることを利用する。

〔証明〕　△OEAと△OFCで，平行四辺形の対角線はそれぞれの中点で交わるから，
OA= OC ……①
対頂角だから，
∠AOE= ∠COF ……②
AD∥BCより，錯角は等しいから，
∠EAO= ∠FCO ……③
①，②，③から，　1組の辺とその両端の角　がそれぞれ等しいので，
△OEA≡△OFC
合同な図形では，対応する辺は等しいので，
OE=OF

ゴール　ここが中間点　スタート

(1)平行四辺形になるための条件

平行四辺形になるための条件

四角形は，次のどれかが成り立てば，平行四辺形である。（定理）

(1) 2組の対辺がそれぞれ
　<u>平行</u>　である。…定義

(2) 2組の対辺がそれぞれ
　<u>等しい</u>　。

(3) 2組の対角がそれぞれ
　<u>等しい</u>　。

(4) 対角線がそれぞれの
　<u>中点</u>　で交わる。

(5) 1組の対辺が　<u>平行</u>　で，その　<u>長さ</u>　が等しい。

(2)，(3)，(4)は平行四辺形の性質の逆。

この2つは逆の関係だね。

逆　性質⇄条件

条件(5)の〔証明〕 左の四角形ABCDに，対角線ACをひく。

△ABCと△CDAで，
仮定より，BC= DA ……①
また，AD∥BCで，錯角は等しいから，
∠ACB= ∠CAD ……②
ACは共通だから，CA=AC ……③
①，②，③から，　2組の辺とその間の角　がそれぞれ等しいので，△ABC≡△CDA
合同な図形では，対応する角は等しいので，∠BAC= ∠DCA
錯角が等しいので，AB∥ DC ……④
仮定より，AD∥BC ……⑤
④，⑤より，2組の対辺がそれぞれ平行だから，四角形ABCDは平行四辺形である。

（AD∥BC AD=BC）

注意
ここでは，条件(2)〜(4)が成立することを証明していないので，条件(5)が成立することの証明に，(2)〜(4)は使えない。使えるのは，(1)の定義だけ。(2)〜(4)が証明されていれば，使ってもよい。

AD=4cm，BC=4cm，∠A=105°，∠B=75°の四角形ABCDは，平行四辺形であるといえますか。

左の図で，
∠ABE= 180° − 75°
　　　= 105°
したがって，∠DAB= ∠ABE
錯角が等しいから，
AD∥ BC ……①
仮定より，AD= BC ……②
①，②から，　1組の対辺が平行で，その　長さ　が等しいので，四角形ABCDは平行四辺形であるといえる。

平行線の錯角は等しい。

(2)平行四辺形であることの証明問題

□ABCDの辺AB，CDの中点を，それぞれM，Nとしたとき，四角形MBNDは平行四辺形であることを証明しなさい。

ポイント
1組の対辺が平行で，その長さが等しければ平行四辺形であることを使う。

〔証明〕　M，Nはそれぞれ辺AB，CDの中点だから，
MB=½ AB ……①
DN=½ DC ……②
平行四辺形の対辺は等しいから，
AB= DC ……③
①，②，③から，
MB= DN ……④
AB∥DCだから，
MB∥ DN ……⑤
④，⑤から，1組の対辺が　平行　で，その　長さ　が等しいので，四角形MBNDは平行四辺形である。

平行四辺形の対辺は等しい。

平行四辺形の対辺は平行。

《1》特別な平行四辺形の定義

長方形の定義
…4つの 角 がすべて等しい四角形。

> 4つの角がすべて直角の四角形ともいえる。

ひし形の定義
…4つの 辺 がすべて等しい四角形。

> 4つの角がすべて直角で、4つの辺がすべて等しい四角形ともいえる。

正方形の定義
…4つの辺がすべて等しく、4つの 角 が
すべて等しい四角形。

長方形、ひし形、正方形は、
平行四辺形の特別な場合
である。
→ 平行四辺形 の性質を
すべてもっている。
　(1) 2組の対辺はそれぞれ 等しい 。
　(2) 2組の対角はそれぞれ 等しい 。
　(3) 対角線は、それぞれの 中点 で交わる。

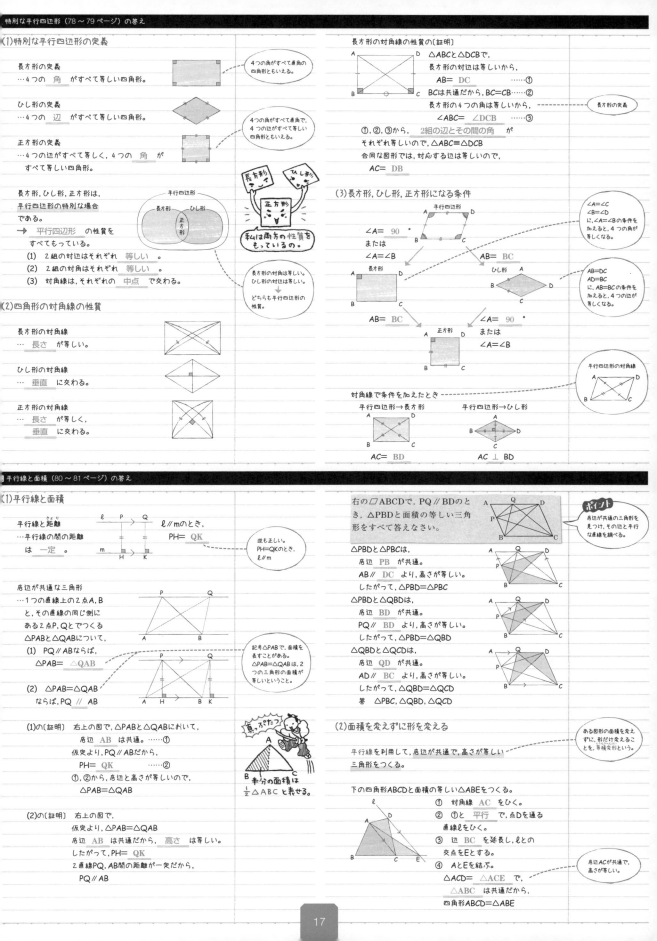

> 正方形
> 私は両方の性質をもっているの。

> 長方形の対角線は等しい。ひし形の対角線は垂直。
> どちらも平行四辺形の性質。

《2》四角形の対角線の性質

長方形の対角線
… 長さ が等しい。

ひし形の対角線
… 垂直 に交わる。

正方形の対角線
… 長さ が等しく、
　 垂直 に交わる。

長方形の対角線の性質の〔証明〕

△ABCと△DCBで、
長方形の対辺は等しいから、
　　AB= DC 　……①
BCは共通だから、BC=CB……②
長方形の4つの角は等しいから、

> 長方形の定義

　　∠ABC= ∠DCB 　……③
①、②、③から、 2組の辺とその間の角 が
それぞれ等しいので、△ABC≡△DCB
合同な図形では、対応する辺は等しいので、
　　AC= DB

《3》長方形、ひし形、正方形になる条件

∠A= 90 °
または
∠A=∠B

> ∠A=∠C
> ∠B=∠D
> に、∠A=∠Bの条件を加えると、4つの角が等しくなる。

AB= BC

> AB=DC
> AD=BC
> に、AB=BCの条件を加えると、4つの辺が等しくなる。

AB= BC

∠A= 90 °
または
∠A=∠B

対角線で条件を加えたとき

平行四辺形→長方形
　AC= BD

平行四辺形→ひし形
　AC ⊥ BD

> 平行四辺形の対角線

《1》平行線と面積

平行線と距離
…平行線の間の距離
　は 一定 。

ℓ∥mのとき、
PH= QK

> 逆も正しい。
> PH=QKのとき、
> ℓ∥m

底辺が共通な三角形
…1つの直線上の2点A、B
と、その直線の同じ側に
ある2点P、Qでつくる
△PABと△QABについて、
　(1) PQ∥ABならば、
　　　△PAB= △QAB
　(2) △PAB=△QABならば、PQ ∥ AB

> 記号△PABで、面積を表すことがある。
> △PAB=△QABは、2つの三角形の面積が等しいということ。

> 真っぷたつ！
> 半分の面積は ½△ABC と表せる。

(1)の〔証明〕　右上の図で、△PABと△QABにおいて、
　　底辺 AB は共通。……①
　　仮定より、PQ∥ABだから、
　　PH= QK 　……②
　　①、②から、底辺と高さが等しいので、
　　△PAB=△QAB

(2)の〔証明〕　右上の図で、
　　仮定より、△PAB=△QAB
　　底辺 AB は共通だから、 高さ は等しい。
　　したがって、PH= QK
　　2直線PQ、AB間の距離が一定だから、
　　PQ∥AB

右の▱ABCDで、PQ∥BDのとき、△PBDと面積の等しい三角形をすべて答えなさい。

> ポイント
> 底辺が共通の三角形を見つけ、その辺と平行な直線を調べる。

△PBDと△PBCは、
　底辺 PB が共通。
　AB∥ DC より、高さが等しい。
したがって、△PBD=△PBC

△PBDと△QBDは、
　底辺 BD が共通。
　PQ∥ BD より、高さが等しい。
したがって、△PBD=△QBD

△QBDと△QCDは、
　底辺 QD が共通。
　AD∥ BC より、高さが等しい。
したがって、△QBD=△QCD

　答　△PBC、△QBD、△QCD

《2》面積を変えずに形を変える

平行線を利用して、底辺が共通で、高さが等しい
三角形をつくる。

> ある図形の面積を変えずに、形だけ変えることを、等積変形という。

下の四角形ABCDと面積の等しい△ABEをつくる。

　① 対角線 AC をひく。
　② ①と 平行 で、点Dを通る
　　　直線ℓをひく。
　③ 辺 BC を延長し、ℓとの
　　　交点をEとする。
　④ AとEを結ぶ。
　△ACD= △ACE で、

> 底辺ACが共通で、高さが等しい。

　 △ABC は共通だから、
　四角形ABCD=△ABE

(1)場合の数と確率

1つのさいころを投げるとき，正しく作られたさいころであれば，
1から6のどの目が出ることも同じ程度に期待できる。 
どの場合が起こることも同じ程度であると考えられるとき，
__同様に確からしい__ という。

> あることがらが起こると期待される程度を数で表したものを，そのことがらの起こる確率という。

どの場合が起こることも同様に確からしいとき，
実験や観察によらずに確率を求めることができる。

確率の求め方

起こる場合が全部でn通りあり，そのどれが起こることも
同様に確からしいとする。
そのうち，ことがらAの起こる場合がa通りであるとき，

ことがらAの起こる確率 $p = \dfrac{a}{n}$

> **ポイント**
> 確率を求めるときは，
> ①すべての場合の数を求める。
> ②ことがらAの起こる場合の数を求める。
> ③確率を求める。

1つのさいころを投げるとき，次の確率を求めなさい。
(1) 4の目が出る確率
(2) 偶数の目が出る確率

はじめに，目の出方は全部で何通りあるかを求める。

→ ⚀⚁⚂⚃⚄⚅ の 6 通り。（n通り）

(1) 4の目が出る場合は 1 通りだから，（a通り）

その確率は，$\dfrac{4の目が出る場合の数}{すべての場合の数}$ で，$\dfrac{1}{6}$ $\dfrac{a}{n}$

> **注意**
> 確率が$\frac{1}{6}$のとき，「さいころを 6 回投げれば，必ず1回は4の目が出る」という意味ではない。

(2) 偶数の目が出る場合は，

⚁⚃⚅ の 3 通りだから，（b通り）

その確率は，$\dfrac{偶数の目が出る場合の数}{すべての場合の数}$ で，

$\dfrac{3}{6} = \dfrac{1}{2}$ $\dfrac{b}{n}$
約分を忘れずに

袋の中に赤玉が5個，青玉が3個，黄玉が4個入っています。この中から玉を1個取り出すとき，次の確率を求めなさい。
(1) 赤玉が出る確率
(2) 赤玉または青玉が出る確率

はじめに，取り出し方は全部で何通りあるかを求める。

→ 5 + 3 + 4 = 12 （通り）（n通り）
　赤玉　青玉　黄玉
　の数　の数　の数

> **注意**
> 赤玉，青玉，黄玉の3種類だから，全部で3通りであると考えてはいけない。

(1) 赤玉の出る場合の数は，5 通り。（a通り）

その確率は，$\dfrac{5}{12}$ $\dfrac{a}{n}$

(2) 赤玉または青玉が出る場合の数は，

5 + 3 = 8 （通り）（b通り）
赤玉　青玉
の数　の数

> 「または」だから，赤玉と青玉のどちらが出てもよい。

その確率は，$\dfrac{8}{12} = \dfrac{2}{3}$ $\dfrac{b}{n}$

(2)確率の範囲

必ず起こることがらの確率… 1
けっして起こらないことがらの確率… 0

> 私が数学のテストで100点をとる確率は…なんて言えたらいいな～

確率の範囲

…あることがらの起こる確率をpとするとき，
pの値の範囲は，0 ≦ p ≦ 1

1つのさいころを投げるとき，

● 6以下の目が出る場合の数は 6 通りだから，

その確率は，$\dfrac{6}{6} = 1$

● 7以上の目が出る場合の数は 0 通りだから，

その確率は，$\dfrac{0}{6} = 0$

> 確率が1をこえることはない。

---

(1)場合の数の調べ方

場合の数の調べ方…もれや重なりがないように，
__表__ や図を使って調べる。

2枚の硬貨を同時に投げるとき，
1枚が表で，1枚が裏となる確率を求めなさい。

表　　裏

2枚の硬貨をA，Bとして，
● 起こり得るすべての場合の数
● 1枚が表で，1枚が裏の場合の数　を調べる。

> **ポイント**
> 2枚の硬貨を区別するために，硬貨に名前をつける。

空らんをうめましょう。

①表を使う。

…右の表から，

A＼B	表	裏
表	(表, 表)	(表, 裏)
裏	(裏, 表)	(裏, 裏)

> (表, 裏)は硬貨Aが表，硬貨Bが裏になった場合を表している。

● 表の出方は全部で 4 通り。
● 1枚は表，1枚は裏の出方は 2 通り。

したがって，1枚が表，1枚が裏となる確率は，

$\dfrac{2}{4} = \dfrac{1}{2}$

> **注意**
> すべての場合の数は，表と表，表と裏，裏と裏の3通りではない。2枚の硬貨は区別されているので，(表, 裏)と(裏, 表)はちがう場合と考える。

②図を使う。

…表を㋐，裏を㋑として，樹形図に表す。

A　　B
㋐ ＜ ㋐ … (㋐, ㋐)
　　 ㋑ … (㋐, ㋑)
㋑ ＜ ㋐ … (㋑, ㋐)
　　 ㋑ … (㋑, ㋑)

> この図を，樹形図というよ。私みたいに枝分かれしてるでしょ？

上の図から，
● 表，裏の出方は全部で 4 通り。
● 1枚は表，1枚は裏の出方は 2 通り。

表を使って調べたのと同じである。

(2)組み合わせの確率

組をつくるときの組み合わせの数を，図や表を使って調べるときの注意
…組み合わせが同じものを重複して数えない。

A，B，C，Dの4人から，くじびきで2人の委員を選びます。Bが委員になる確率を求めなさい。

2人の委員の組の選び方を調べる。

…(A, B), (A, C), (A, D)
　(B, A), (B, C), (B, D)
　(C, A), (C, B), (C, D)
　(D, A), (D, B), (D, C)

> 2人の委員の組だから，(委員, 委員)だから，(A, B)と(B, A)は同じ組み合わせ。

樹形図に表すと

A ＜ B
　　 C
　　 D
B ＜ C
　　 D
C — D

(A, B)と(B, A)の組み合わせが同じものは消す。

↓

すべての場合の数は，6 通り。
Bが委員になる場合の数は，3 通り。（A, B), (B, C), (B, D)

したがって，その確率は，

$\dfrac{3}{6} = \dfrac{1}{2}$

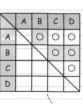

(A, B)のように，2つ選んで組にする場合は，右のような表でも調べられる。

	A	B	C	D
A		○	○	○
B			○	○
C				○
D				

↓

すべての場合の数は，表の中の○の数→全部で 6 通り。
Bが委員になる場合の数は，表の黄色のらんの○の数→ 3 通り。

> 斜線より下のらんは，斜線より上のらんと同じ組み合わせなので，○を書かない。

(1)起こらない確率

起こらない確率

ことがらAの起こる確率をpとすると，次のことがいえる。

Aの起こらない確率＝ $1 - p$

ポイント
Aの起こる確率
＋Aの起こらない確率＝1

あたる確率が$\frac{1}{5}$であるくじを1本ひいたときの

あたらない確率… $1 - \frac{1}{5} = \frac{4}{5}$

2つのさいころA，Bを同時に投げるとき，出る目の数の和が4にならない確率を求めなさい。

● A，Bの目の出方を表に表す。 ✎空らんをうめましょう。

Aの目が1，Bの目が6の場合を，(1, 6)とます。

A＼B	1	2	3	4	5	6
1	(1, 1)	(1, 2)	(1, 3)	(1, 4)	(1, 5)	(1, 6)
2	(2, 1)	(2, 2)	(2, 3)	(2, 4)	(2, 5)	(2, 6)
3	(3, 1)	(3, 2)	(3, 3)	(3, 4)	(3, 5)	(3, 6)
4	(4, 1)	(4, 2)	(4, 3)	(4, 4)	(4, 5)	(4, 6)
5	(5, 1)	(5, 2)	(5, 3)	(5, 4)	(5, 5)	(5, 6)
6	(6, 1)	(6, 2)	(6, 3)	(6, 4)	(6, 5)	(6, 6)

表の縦に6通り，横に6通りあるから，全部で6×6(通り)

● 上の表より，すべての場合の数は， 36 通り。

● 出る目の数の和が4にならない確率
＝ $1 -$出る目の数の和が4になる確率

出る目の数の和が4になる場合の数は，
(1, 3)，(2, 2)，(3, 1)の 3 通り。

その確率は， $\frac{3}{36} = \frac{1}{12}$

したがって，出る目の数の和が4にならない確率は，

$1 - \frac{1}{12} = \frac{11}{12}$

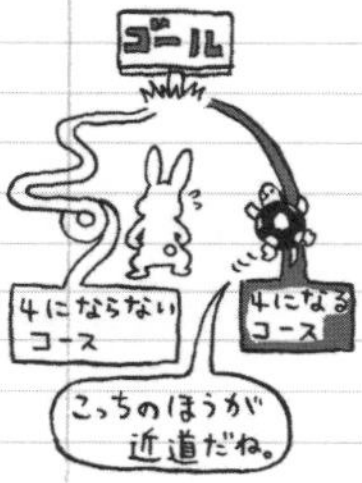

ゴール
4にならないコース
4になるコース
こっちのほうが近道だね。

(2)「少なくとも」の場合の確率

問題文中に「少なくとも」と書かれていたとき
…◉「○○」，または，「□□」と考えて，
それぞれの場合の数を求める。

◉または，そのことがらが起こらない確率pを求め，
$1 - p$の式を使う。

どんな場合があるかを考えるとき，もれがないように注意すること。

3枚の硬貨を同時に投げるとき，次の確率を求めなさい。
(1) 少なくとも2枚は表となる確率
(2) 少なくとも1枚は表となる確率

3枚の硬貨をA，B，Cとし，
表を㋐，裏を㋑として，
すべての場合を樹形図に表す。

右の図より，すべての場合の数は，
8 通り。

すべての場合の数は，3枚とも表，2枚が表で1枚が裏，1枚が表で2枚が裏，3枚とも裏の4通りであるとかん違いしないように。

(1) 「少なくとも2枚は表」とは，
「 3 枚とも表」…① または，
「 2 枚は表で 1 枚は裏」…② の場合のこと。

①の場合の数は，(㋐, ㋐, ㋐)の 1 通り，②の場合の数は，
(㋐, ㋐, ㋑)，(㋐, ㋑, ㋐)，(㋑, ㋐, ㋐)の 3 通り。

全部で 4 通りだから，その確率は，

$\frac{4}{8} = \frac{1}{2}$

「3枚とも表」または「2枚が表で1枚は裏」または「1枚は表で2枚は裏」の3つの場合がある。

(2) 「少なくとも1枚は表」とは，
「3枚とも 裏 」…③ にならない場合と考えられる。

③の場合の数は，(㋑, ㋑, ㋑)の 1 通りだから，

その確率は， $\frac{1}{8}$ …④

求める確率は④にならない確率だから，

$1 - \frac{1}{8} = \frac{7}{8}$

それぞれの場合の数を求めるよりも，「3枚とも裏」の場合の数を求めるほうがラク。

---

1)四分位数

データを小さい順に並べて4等分したときの，
3つの区切りの値を 四分位数 といい，小さいほうから順に，
第1四分位数，第2四分位数，第3四分位数という。

第2四分位数はデータ全体の中央値。

・データの個数が偶数個の場合
A班10人の通学時間

前半部分	後半部分

5 6 ⑧ 10 12 14 15 ⑮ 18 20 (分)

ポイント
データの個数が偶数個のとき，中央値は，中央の2個の値の平均値。

第2四分位数は，全体の中央値を求めて，$\frac{12+14}{2} = 13$ (分)

第1四分位数は，前半部分の中央値を求めて， 8 分。

第3四分位数は，後半部分の中央値を求めて， 15 分。

・データの個数が奇数個の場合
B班9人の通学時間

前半部分	後半部分

4 5 8 10 ⑫ 13 16 19 25 (分)

データの個数が偶数個か奇数個かで第2四分位数の求め方が異なる。

第2四分位数は，全体の中央値を求めて， 12 分。

第1四分位数は，前半部分の中央値を求めて，$\frac{5+8}{2} = 6.5$ (分)

第3四分位数は，後半部分の中央値を求めて，$\frac{16+19}{2} = 17.5$ (分)

2)四分位範囲

四分位範囲…第3四分位数と第1四分位数の差。

四分位範囲＝第 3 四分位数－第 1 四分位数

1年で学習した範囲との違いに注意。範囲＝最大値－最小値

上のA班の四分位範囲は， 15 － 8 ＝ 7 (分)

上のB班の四分位範囲は， 17.5 － 6.5 ＝ 11 (分)

(3)箱ひげ図

箱ひげ図

…データの最小値，第1四分位数，第2四分位数(中央値)，
第3四分位数，最大値を1つの図にまとめたもの。

長方形(箱)と線分(ひげ)で表した図が箱ひげ図。

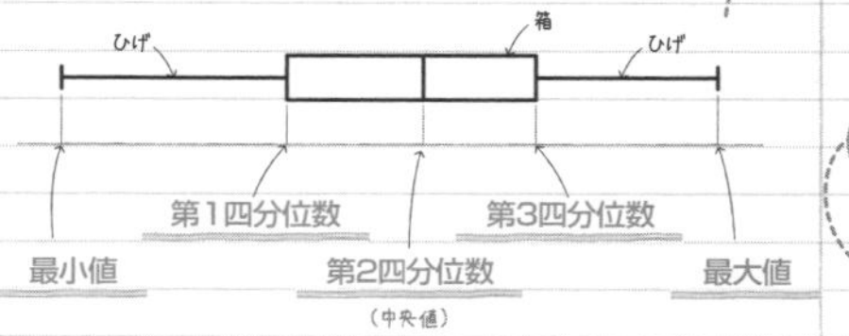

第1四分位数　第3四分位数
最小値　第2四分位数　最大値
(中央値)

箱ひげ図は，下の図のように，縦にかくこともある。

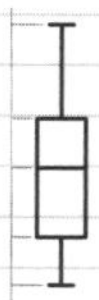

左ページのA班とB班の通学時間のデータを
それぞれ箱ひげ図に表すと，次のようになる。

✎B班の箱ひげ図をかきましょう。

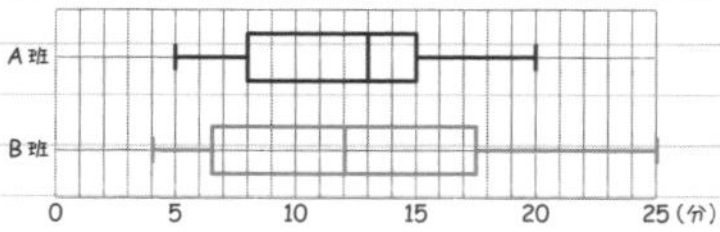

箱ひげ図では，ひげの左端から右端までの長さが 範囲 を，
箱の左端から右端までの長さが 四分位範囲 を表している。

四分位範囲の利点

データを小さい順に並べたとき，四分位範囲には，
データの中央付近の約半数のデータがふくまれている。
そのため，データの中に極端に離れた値があるとき，
範囲はその影響を受けるが，
四分位範囲はほとんどその影響を受けない。

四分位範囲には範囲より，データ全体の傾向が現れる。

(1) ヒストグラムと箱ひげ図

ヒストグラムが1つの山の形になる分布では、ヒストグラムの形から箱ひげ図のおおよその形を予想することができる。

右の㋐や㋑の図のように、
ヒストグラムがほぼ左右対称な形の場合、
箱ひげ図もほぼ <u>左右対称</u> な形になる。

右の㋑の図のように、
ヒストグラムの散らばりが小さい場合、
箱ひげ図の左右は <u>短く</u> なる。

右の㋒の図のように、
ヒストグラムの山が左寄りの形になる場合、
箱ひげ図の箱も <u>左</u> 寄りになる。

右の㋓の図のように、
ヒストグラムの山が右寄りの形になる場合、
箱ひげ図の箱も <u>右</u> 寄りになる。

また、下の㋔の図のように、
ヒストグラムが谷のような形になる場合、
第1四分位数は最小値に近く、
第3四分位数は最大値に近くなるので、
箱ひげ図の <u>箱</u> の左右は長くなる。

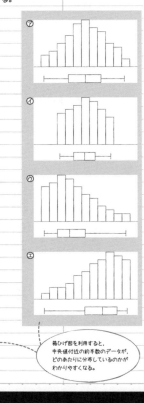

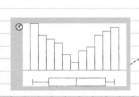

箱ひげ図を利用すると、
中央値付近の約半数のデータが、
どのあたりに分布しているのかが
わかりやすくなる。

(2) データの比較

箱ひげ図は、複数のデータを比較するときに便利である。

下の図は、あるクラスの生徒32人の5教科のテストの結果を箱ひげ図に表したものです。次の(1)〜(5)にあてはまる教科をそれぞれ答えなさい。

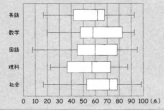

(1) 範囲がいちばん大きい。
→ <u>ひげ</u> の左端から右端までが最も長い教科だから、<u>国語</u>。

範囲と
四分位範囲の
違いに注意！

(2) 20点以下の生徒がいない。
→ <u>最小値</u> が20点より高い教科だから、<u>理科</u>。

以下と未満の
違いに注意！

(3) 70点以上の生徒が半数以上いる。
→ 第 <u>2</u> 四分位数が70点以上の教科だから、<u>社会</u>。

(4) 80点以上の生徒が8人以上いる。
→ 8人は32人の <u>25</u> ％だから、
第 <u>3</u> 四分位数が80点以上の教科で、<u>数学</u>。

8人の割合は、
8÷32=0.25

(5) 60点以上70点未満の生徒が8人以上いる。
→ 8人は32人の <u>25</u> ％だから、
四分位数で区切られた4つの区間のうち、
1区間が60点と70点の間にある教科で、<u>英語</u>。

確認テスト①

24〜25 ページ

1 (1) $2a+6b$　(2) x^2-7x

(3) $9a-3b$　(4) $6x-14y$

2 (1) $12a-18b$　(2) $-20x-40y$

(3) $-5a-2b$　(4) $8x+12y$

(5) $6x$　(6) $2a+11b$

(7) $\dfrac{1}{2}x-\dfrac{5}{6}y$ または, $\dfrac{3x-5y}{6}$

(8) $\dfrac{x-4y}{6}$ または, $\dfrac{1}{6}x-\dfrac{2}{3}y$

3 (1) $-24ab^2$　(2) $18x^3$

(3) $-4b$　(4) $-3xy$

(5) $\dfrac{10ab}{3}$　(6) $2x$

4 (1) 2　(2) 4

5 (1) $y=\dfrac{5-4x}{3}$ または, $y=\dfrac{5}{3}-\dfrac{4}{3}x$

(2) $r=\dfrac{S}{2\pi h}$

6 m, n を整数とすると, 2つの奇数は,

$2m+1$, $2n+1$ と表せる。

この2数の和は,

$(2m+1)+(2n+1)=2m+2n+2$
$\qquad\qquad\qquad\quad =2(m+n+1)$

$m+n+1$ は整数だから, $2(m+n+1)$ は偶
数である。

したがって, 奇数どうしの和は偶数である。

解説 **2**(8) $\dfrac{5x-2y}{2}-\dfrac{7x-y}{3}$

$=\dfrac{3(5x-2y)-2(7x-y)}{6}$

$=\dfrac{15x-6y-14x+2y}{6}=\dfrac{x-4y}{6}$

3(6) $-x^2\div(-4xy)\times 8y$

$=\dfrac{\overset{1}{x}\times x\times\overset{2}{8}\times\overset{1}{y}}{\underset{1}{4}\times\underset{1}{x}\times\underset{1}{y}}=2x$

4(1) $(5x+y)-(3x-5y)$

$=5x+y-3x+5y=2x+6y$

この式に数値を代入して,

$2\times 2+6\times\left(-\dfrac{1}{3}\right)=4-2=2$

確認テスト②

40〜41 ページ

1 (1) $x=2$, $y=-1$　(2) $x=10$, $y=3$

(3) $x=-2$, $y=3$　(4) $x=-9$, $y=6$

(5) $x=2$, $y=-1$　(6) $x=-2$, $y=-3$

2 (1) $x=1$, $y=-1$　(2) $x=4$, $y=3$

(3) $x=\dfrac{3}{2}$, $y=-2$　(4) $x=-2$, $y=8$

3 (1) $x=-10$, $y=6$　(2) $x=3$, $y=1$

4 $a=-2$, $b=1$

5 鉛筆 70 円, ノート 110 円

6 男子 15 人, 女子 30 人

7 歩いた道のり 300 m, 走った道のり 400 m

解説 **1**(3) 上の式の両辺を2倍し, 下の式の両辺
を3倍して, y の係数の絶対値を6にそろえ,
加減法で y を消去する。

2(1) 下の式のかっこをはずして式を整理
し, $2x-3y=5$ としてから解く。

(3) 下の式の両辺に 12 をかけて分母をはら
い, $4x-9y=24$ としてから解く。

(4) 上の式の両辺を 10 倍して, $3x+2y=10$
としてから解く。

4 $x=3$, $y=2$ を連立方程式に代入すると,
上の式は, $3a+8=2$ より, $a=-2$,
下の式は, $9-2b=7$ より, $b=1$

5 鉛筆 1 本の値段を x 円, ノート 1 冊の
値段を y 円とすると,

$\begin{cases} 2x+3y=470 \\ 4x+2y=500 \end{cases}$ これを解く。

6 昨年の男子, 女子の人数をそれぞれ x 人,
y 人とすると,

$\begin{cases} x+y=45 \\ \dfrac{120}{100}x+\dfrac{80}{100}y=42 \end{cases}$ これを解く。

7 歩いた道のりと走った道のりをそれぞれ
x m, y m とすると,

$\begin{cases} x+y=700 \\ \dfrac{x}{60}+\dfrac{y}{100}=9 \end{cases}$ これを解く。

確認テスト③

54〜55 ページ

1 (1)　-4

(2)　-8

2 (1)(2)　右の図

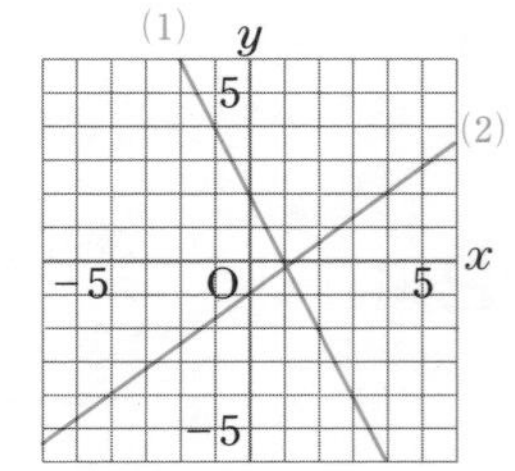

3 (1)　$y=4x-3$

(2)　$y=-\dfrac{2}{3}x+4$

(3)　$y=-x+3$

(4)　$y=3x-5$

4 (1)(2)(3)　右の図

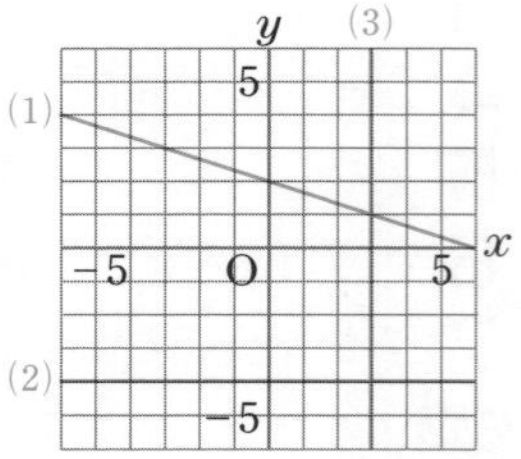

5 $\left(-\dfrac{2}{3},\ \dfrac{4}{3}\right)$

6 (1)① 式…$y=2x$

　変域…$0\leqq x\leqq 6$

② 式…$y=-3x+30$，変域…$6\leqq x\leqq 10$

(2)

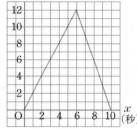

(cm²) y

解説 3 求める1次関数の式を$y=ax+b$として，a，bの値を求める。

(2)　変化の割合が$\dfrac{-2}{3}=-\dfrac{2}{3}$だから，

$y=-\dfrac{2}{3}x+b$　この式に$x=3$，$y=2$を代入して，bの値を求める。

4(1)　$x+3y=6$，$3y=-x+6$

$y=-\dfrac{1}{3}x+2$だから，グラフは，切片が2，傾きが$-\dfrac{1}{3}$のグラフになる。

(2)　$y+4=0$，$y=-4$だから，グラフは，点$(0,\ -4)$を通り，x軸に平行な直線になる。

5　グラフより，直線①の式は，$y=x+2$，直線②の式は，$y=-\dfrac{1}{2}x+1$だから，この2つの式を連立方程式として解く。

確認テスト④

64〜65 ページ

1 $\angle x=60°$，$\angle y=100°$

2 $\angle x=100°$，$\angle y=30°$

3 (1)　七角形　　　(2)　$156°$

(3)　正十八角形

(4)① $\angle x=105°$　　② $\angle y=55°$

4 $75°$

5 $CA=FD$（$AC=DF$）または，$\angle B=\angle E$

6 1組の辺とその両端の角がそれぞれ等しい。

7 (1)　（仮定）$AB=AC$，$\angle B=\angle C$

　（結論）$BD=CE$

(2)⑦ AC　　　　　④ $\angle C$

⑨ 1組の辺とその両端の角

① $\triangle ACE$　　　⑨ CE

解説 2 $\triangle ADC$の内角と外角の性質より，

$\angle x=85°+15°=100°$

$\angle y=180°-(100°+50°)=30°$

3(1)　求める多角形をn角形とすると，n角形の内角の和は$900°$だから，

$180°\times(n-2)=900°$

$n-2=900°\div 180°=5$

$n=5+2=7$　で，七角形。

(2)　正十五角形の内角の和は，

$180°\times(15-2)=2340°$

1つの内角は，$2340°\div 15=156°$

(3)　多角形の外角の和は$360°$だから，

$360°\div 20°=18$で，正十八角形。

4　右の図のように，ℓ，mに平行な直線nをひく。平行線の錯角は等しいので，

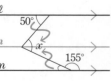

$\angle x=50°+(180°-155°)=75°$

5　2組の辺がそれぞれ等しいので，あと1組の辺が等しい，または，2組の辺の間の角が等しいと合同になる。

6　対頂角は等しいので，$\angle AEB=\angle DEC$であることがわかる。

確認テスト⑤

1 (1) 50°　　(2) 140°　　(3) 60°

2 $\angle x = 50°$, $\angle y = 30°$

3 ㋑，㋒

4 (1) 長方形　　(2) ひし形　　(3) 正方形

5 (1) △EBC　　(2) △ADC

6 △ABP と △ACP で，

仮定より，AB＝AC……①

AP は∠A の二等分線だから，

　　∠BAP＝∠CAP……②

AP は共通だから，AP＝AP……③

①，②，③から，2 組の辺とその間の角がそれぞれ等しいので，△ABP≡△ACP

合同な図形では，対応する辺は等しいので，

　PB＝PC

2 つの辺が等しいから，△PBC は二等辺三角形である。

7 △DBM と △ECM で，

仮定より，∠MDB＝∠MEC＝90°……①

　　　　　　　BM＝CM……②

また，AB＝AC より，∠B＝∠C……③

①，②，③から，直角三角形の斜辺と 1 つの鋭角がそれぞれ等しいので，

　　△DBM≡△ECM

合同な図形では，対応する辺は等しいので，

　MD＝ME

8 BE は∠B の二等分線だから，

　　∠ABE＝∠CBE……①

AD∥BC で，同位角は等しいから，

　　∠CBE＝∠DEF……②

AB∥FC で，錯角は等しいから，

　　∠ABE＝∠DFE……③

①，②，③から，∠DFE＝∠DEF

2 つの角が等しいから，△DFE は二等辺三角形である。

解説 5(2)　△ABE と △ADC は，△ADE は共通で，△DBE＝△DCE だから，△ABE＝△ADC

確認テスト⑥

1 (1) $\dfrac{1}{15}$　　(2) $\dfrac{8}{15}$　　(3) $\dfrac{2}{5}$

2 (1) $\dfrac{1}{12}$　　(2) 0　　(3) $\dfrac{2}{9}$

3 (1) $\dfrac{2}{5}$　　(2) $\dfrac{1}{5}$

4 (1) $\dfrac{2}{5}$　　(2) $\dfrac{4}{5}$

5 （あたる確率はどちらも）等しい

6 (1) 22 m　　(2) 7 m

(3)

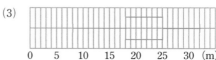

7 (1) ㋑　　(2) ㋓

解説 2　すべての場合の数は 36 通り。

(1) 和が 10 になるのは，右の表の○をつけた 3 通り。

(3) 差が 2 になるのは，右の表の赤くぬった 8 通り。

3 できる 2 けたの整数は，

12, 13, 14, 15, 21, 23, 24, 25, 31, 32, 34, 35, 41, 42, 43, 45, 51, 52, 53, 54

の 20 通り。

(1) 偶数は，＿をつけた 8 通り。

(2) 6 の倍数は，12, 24, 42, 54 の 4 通り。

4 赤玉を 1, 2, 3, 青玉を 4, 5, 6 とすると，右の表より，すべての場合の数は 15 通り。

(1) 同じ色になるのは，2 個とも赤玉が 3 通り，2 個とも青玉も 3 通り。

(2) $1 - \dfrac{3}{15} = 1 - \dfrac{1}{5} = \dfrac{4}{5}$

5 樹形図をかいて調べると，あたる確率は，どちらも $\dfrac{8}{20} = \dfrac{2}{5}$ で等しい。

6 (1) $\dfrac{21 + 23}{2} = 22$ (m)

(2) $25 - 18 = 7$ (m)